圖解

電晶體、二極體、積體電路等
資訊科技基礎知識

# 電子電路
# 超入門

石川洋平、野口卓朗／著

陳朕疆／譯

# 前言

　　本書內容主要為電子電路的基礎與概觀。或者也可以說，為了讓讀者喜歡上電子電路這門領域，本書蒐羅了許多有趣的梗，讓各位能輕鬆閱讀。

　　本書出現的數學式很少，內容主要是列出關鍵字並簡單說明，因此偶爾會出現說明不夠充分、過於果斷的情況。一般的專業書籍會追求嚴格的「正確性」，不過本書會用「大概就是這樣的意思吧？」的方式表達。

　　事實上，在本書前身《圖解入門 超簡單最新電子電路的基礎與運作機制》（日本於2013年6月出版，以下稱「前作」）出版後數年，我再回過頭重新翻閱後，發現內容壓倒性地不足。

　　然而，也有不少讀者透過這本書入門電子電路領域。在我與這些讀者討論相關內容時，我覺得雙方能夠相當順暢地對話。用這本書上課時，我也覺得只要說個大概，學生就會自動自發地去找相關資料，還會指出我黑板上寫錯的內容。因此，吐槽也是本書的重點之一。就這點看來，本書Column內容或許還比正文重要，請把這些內容當成趣談、閒話，輕鬆地看過去。不管讀者是其他專業領域人士、高中生、科大生、大學生還是社會人士，如果本書能讓你們了解到電子電路領域的關鍵字，對這個領域產生興趣，那就太棒了。

　　本書做為前作的修訂版，我刻意留下了一些吐槽的部分，並用對話泡泡表示，歡迎您在閱讀時留意這些吐槽部分。

　　年齡上來說，最早開始學習電子電路知識的族群是工業類高職生，而本書最大的特徵，就是會提到部分與高職檢定教科書有關的內容。

　　開始學習專業科目後，這些剛從國中畢業，只有學過國語、數學、自然、社會、英語的學生們，會突然遇到「$j\omega$」之類的未知咒文，那當然會被嚇到了。

進入大學以後，他們需要運用在高職階段學過的微積分，學習電路的行為。這時他們會開始覺得「電力電路」很困難，接著又會碰到二極體、電晶體等「電子電路」的咒文，應該有不少人因此而放棄吧。

　　檢定教科書的內容與本書類似，簡明扼要，電路種類卻比本書豐富許多，目次也較繁瑣。因此讀者可透過本書，大致了解檢定教科書的「框架」，知道除了本書之外還要再補充哪些內容，進而理解到電子電路領域的整體模樣。

　　本書的第二個特徵，是引入「LTspice」的電路模擬練習。前作中，我們利用「ngspice」這個模擬器，使用網路連線表（netlist）來描述電路圖。為了方便讀者練習，本書改用能以滑鼠輸入電路圖，只要點幾下按鍵，就能看到波形的「LTspice」做練習。

　　在我（石川）念大學時（1997年～），電路模擬器可以說是高嶺之花，只有特定的人，能在特定的時間，用特定的電腦操作。比起用模擬器，實際以電路做實驗，才是這個領域的基礎。我記得到了2008年，「LTspice」才真正普及開來。

　　而製作本書時，我們請來出生於1989年，可說是「LTspice」的原生世代的野口卓朗老師做為共同作者，並設置了新的章節，說明類比電路、數位電路的模擬過程，加深讀者的理解。第6章內容相當充實，完成這些模擬後，便可算是打好了電子電路的基礎，請務必嘗試看看。

2021年4月　石川洋平

▼第6章LTspice電路模擬的練習檔案，請至下方網址下載。

https://bit.ly/445BcLp

## 目次

# 電子電路超入門
### 圖解電晶體、二極體、積體電路等資訊科技基礎知識

5

# Contents

## Chapter 4

# 使用運算放大器的演算電路
## 電晶體數量的恐怖之處

## Chapter 5

# 數位電路的基礎
## 組合電路與順序電路

Chapter 6 **電路模擬**
**LTspice入門**

第 **1** 章

# 電子電路的主角們

## 各種元件與定律

本章將複習國中學過的電壓、電流、電阻的關係，確認電路中的電流，以及施加在電阻上之電壓的關係，熟悉2個電學的基礎定律。接著介紹電力電路中的主角——電阻、電容、電感，以及電子電路的主角——二極體、電晶體。即使是從國中開始就不喜歡電力學的讀者，在讀過本章、熟悉電子電路中的各種元件後，也能理解到電路問題的有趣之處。

# 電力電路與電子電路的差別

**Point**

　　電力電路與電子電路這兩個詞十分相似，兩者有什麼差別呢？讀完本節後，您將能了解被動、主動等詞語的意義，並能說明它們的差別！

## 電力電路在學什麼

　　一般來說，在我們學過電壓、電流、電阻間的關係（歐姆定律）後，就會開始學習電路的分析方法（克希荷夫定律「等」）。之所以有個「等」，是因為分析電路時會用到很多定理，最具代表性的包括重疊定理、戴維寧定理、諾頓定理等。

　　不過，在學習各種定理時，由於經常會有初學者感到混亂，所以這裡讓我們集中學習「歐姆定律」與「克希荷夫定律」吧。

　　接下來，學生要試著分析含有電阻以外之重要元件的電路，譬如電容或電感等。一般來說，我們處理的是**交流**訊號。隨著電容與電感的不同，訊號的頻率也不一樣。這裡會大量出現導致混亂局面的sin、cos等三角函數。不過請放心，我們有$j\omega$這個救世主。

　　這裡要請您花費一點心力，了解$j\omega$的表示方式與意義。

　　順帶一提，電阻、電容、電感被稱為**被動元件**，使用這些元件的電路，則稱為**電力電路**。

> ### 讀完本書後，請在已理解之項目的□打勾！
>
> □歐姆定律　　□克希荷夫定律　　□$j\omega$的表示方式與意義
> □什麼是被動元件

**電力電路在學什麼**

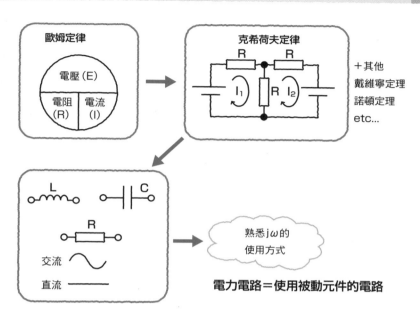

歐姆定律

電壓 (E)

電阻 (R)　電流 (I)

克希荷夫定律

＋其他
戴維寧定理
諾頓定理
etc...

熟悉 $j\omega$ 的
使用方式

交流

直流

**電力電路＝使用被動元件的電路**

## 電子電路在學什麼

　　再來要以電力電路學到的知識為基礎，學習含有二極體、電晶體這2個元件的電路。二極體與電晶體也稱為**非線性元件**，計算上相當複雜。不過，我們可以將二極體、電晶體，轉換成在電力電路中學到的被動元件或電源，轉變為**等效電路**，簡化電路分析過程。

　　因此，請熟記二極體或電晶體的等效電路，接著用這些等效電路理解**放大**現象就沒問題了。

　　當電晶體的數量從1個開始變成2個、3個，並逐漸增加至數十個、數百個時，大多數的人難免都會感到有些不安，但是請不用擔心，因為我們有**運算放大器**（Operational Amplifier，簡稱OPAMP）這個救世主。之後有些人或許也會遇到就算沒用到電晶體也能完成電路的情況。

　　也就是說，就算忘了電晶體的功能，只要熟悉運算放大器的使用方式，也能實現想要的電路。

　　順帶一提，二極體與電晶體也稱為**主動元件**，使用主動元件的電路，被稱為**電子電路**。

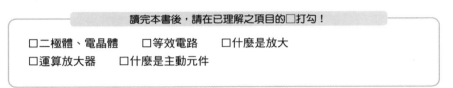

讀完本書後，請在已理解之項目的□打勾！

□二極體、電晶體　　□等效電路　　□什麼是放大
□運算放大器　　□什麼是主動元件

**電子電路在學什麼**

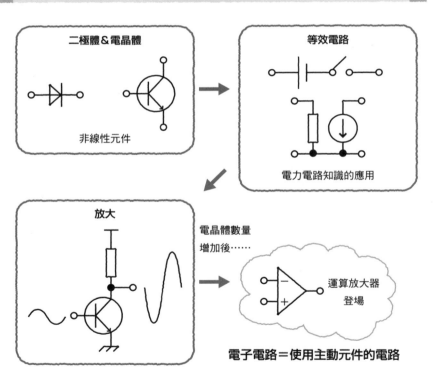

二極體&電晶體

非線性元件

等效電路

電力電路知識的應用

放大

電晶體數量
增加後……

運算放大器
登場

**電子電路＝使用主動元件的電路**

## 電力電路與電子電路的學習方式

學習各種知識時，化「被動（接受教學）」為「主動（主動學習）」是一件相當重要的事。

電路領域也一樣。一般而言，我們會先學習電力電路（被動），再學習電子電路（主動）。如果在學習以「被動元件」為中心的電力電路時受到阻礙，那麼在學習含有「主動元件」的電子電路時，更容易停滯不前。

只要運用電力電路的知識進行分析，許多電子電路的複雜情況就會變得簡單許多，所以請您先打好電力電路的基礎。因此，本章在本書中也占了相當的篇幅。

### 電力電路與電子電路的差異

電力電路

被動接受

電子電路

主動學習

| 電子電路的捷徑（如果全都OK的話，請跳到1-8節） |
| --- |

☐ 你能寫出電阻、電容、電感的符號與單位嗎？

☐ 你知道怎麼計算串聯電阻、並聯電阻嗎？

☐ 你知道歐姆定律與克希荷夫定律嗎？

☐ 你知道 $j\omega$ 與微分、積分的關係嗎？

☐ 你知道分壓的意思嗎？

☐ 你知道為什麼我們同時需要橫軸為時間的圖，以及橫軸為頻率的圖嗎？

※ 以上問題將從下一節開始說明。

以上你能回答幾題呢？

---

**Column**

## 電力工程與電子工程，差一個字差很多嗎？

　　如果找工作時，沒有清楚說明「電力」與「電子」的差別，就有可能會被分配到意料之外的部門。有個公司社長這麼跟我說過：「我曾把電子工程畢業的學生，不小心分配到電力相關部門，然後被瘋狂抱怨。」

　　我們一般都清楚「電力工程＝與電力有關」、「電子工程＝與電腦有關」，不過決定人力分配的人資部門可能沒有那麼清楚兩者的差別（近年來又多了「資訊工程」這個領域，介於電力與電腦之間，專業門檻較低，這或許也是容易讓一般人產生誤會的原因）。

　　我認為，愈是專業的人，就愈應該清楚了解每個電力工程、電子工程的專業術語，並需要接受相關訓練，讓他們能夠用簡單易懂的語言說明這些術語。

# 1-2 類比電路與數位電路

**Point**
類比與數位的差別在哪裡呢？讓我們接著說明類比電子電路以及數位電子電路的重點吧！

## 類比電子電路在學什麼

簡單來說，就是**放大**。在卡拉OK對著麥克風唱歌時，揚聲器可播放出放大的聲音。這就是聲音訊號的**放大**。電路的**放大**作用，就是類比電子電路的精髓。

除此之外，馬達轉動與LED發光有什麼不同？若你能用輸入阻抗、輸出阻抗的角度回答這個問題，那就太棒了。

## 數位電子電路在學什麼

簡單來說，就是**開關**。敲打鍵盤時，按下按鍵相當於傳遞ON（1）的資訊；放開按鍵則是傳遞OFF（0）的資訊。不同的按鍵組合，能夠幫助我們處理各種工作，譬如按著Ctrl鍵不放再按下C，就能複製內容。

**電晶體**這種電子元件，可透過開關動作實現上述功能。由這種ON（1）與OFF（0）的「組合」或「順序」實現邏輯電路，就是數位電路的精髓。

| 讀完本書後，請在已理解之項目的□打勾！ |
| :--- |
| □放大　　□輸入、輸出阻抗　　□電晶體的開關動作 |
| □組合電路　　□順序電路 |

---

＊**數位** 香港用語為數碼。

**類比就是放大，數位就是開關**

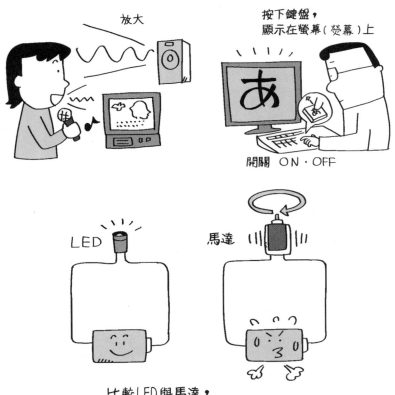

放大

按下鍵盤，
顯示在螢幕（熒幕）上

開關 ON・OFF

LED

馬達

比較LED與馬達，
馬達需要較大的電流才能運作

## 類比電子電路與數位電子電路的學習方式

用我們周圍的電器來思考看看。當智慧型手機接收到微弱的電磁波後，會將其**放大**，接著開啟將類比訊號轉換成數位訊號的**開關**，經微處理器處理後，於螢幕上顯示文字或圖像。

類比電路與數位電路2個領域的學問都十分深奧，各有各的專家。目前大部分的處理都已經數位化，技術專家也逐漸離開了類比領域（雖然偏重數位電路的風潮正逐漸退去，但現在還是很難看到能自豪說出「我很會做類比電路」的人）。

自然界的訊號（聲音、光等）為類比訊號。所以讀者應先好好學習類比電子電路，了解自然的原理、規則。數位電路較容易上手，所以晚一點開始也沒關係。

本書將於第5章說明數位電路的基礎。

**類比電子電路與數位電子電路**

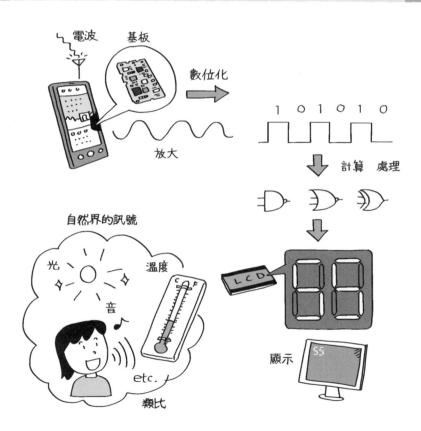

# 1-3 國中自然科學過的電力電路
…歐姆定律是一切的基礎

## Point
「歐姆定律」是國中自然科學領域的次主題「電磁現象」中必定會提到的知識。先讓我們簡單複習一下這個定律吧！

## 國中學到的電力電路

若能理解教科書中的內容，包括「串聯、並聯的合成電阻」與「電壓、電流、電阻的關係式（歐姆定律）」等，就可以當做完成複習了。

計算串聯電阻時，只要把各個電阻的數值加起來就OK了。計算並聯電阻時，則需要將各個電阻的倒數加總，再取其和之倒數就是答案了。如果是2個電阻並聯，可以用所謂的**和分之積**公式，設分母為兩電阻之和，分子為兩電阻之積，就能輕鬆計算出並聯後的電阻。要注意的是，這個公式不能用來計算3個以上電阻並連的情況。

## 歐姆定律

**歐姆定律**是描述電壓（E）、電流（I）、電阻（R）三者關係的定律。應該有不少人會用右頁圖的方式來記憶這個定律吧。右頁電路圖中，電壓與電流的箭頭方向相當重要。從電源＋端畫出的箭頭表示電流，反方向的箭頭則表示電壓。如果亂畫這些箭頭的話，之後會很麻煩喔。

這裡請您先好好記住箭頭的方向。只要知道電壓、電流、電阻三者中的兩者，就可以用歐姆定律計算出第3個的數值。

## 電阻的串並聯計算

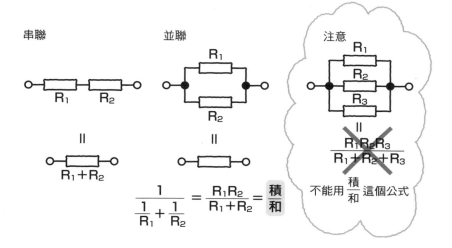

串聯

並聯

注意

不能用 $\dfrac{積}{和}$ 這個公式

$$\dfrac{1}{\dfrac{1}{R_1}+\dfrac{1}{R_2}} = \dfrac{R_1R_2}{R_1+R_2} = \dfrac{積}{和}$$

## 歐姆定律

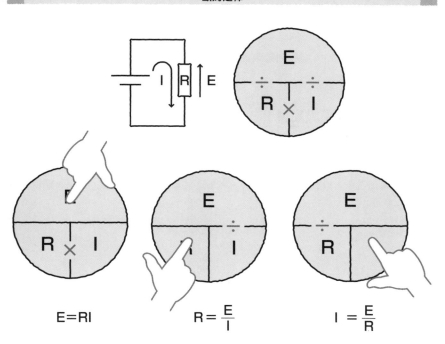

$E = RI$

$R = \dfrac{E}{I}$

$I = \dfrac{E}{R}$

# 1-4 自由計算電路中各種數值的重要工具
…克希荷夫定律

🔑 **Point**

克希荷夫定律曾是許多人的夢魘,但只要弄懂它,就能解決許多問題!打好基礎後,計算任何電路問題都不是難事。

讓我們一起跨越這個巨大障礙吧。

## 克希荷夫定律是什麼

克希荷夫定律與困擾了許多國中生的歐姆定律,常被並列為難以理解的定律。不過,事實上克希荷夫定律一點都不難,它只是個「重複使用歐姆定律」的定律而已。請善用這2個定律,熟悉相關分析方法。

## 第一定律(電流定律)

簡單來說,**電流定律**就是「對於電路上任一**節點**\*而言,流入電流總和為零」。換言之,也可以說「流入節點的電流總和,等於流出節點的電流總和」。看電路圖時,請留意電壓與電流的方向。這種用電流定律分析特定節點(這裡是$V_x$)情況的方法被稱為**節點電壓法**。

## 第二定律(電壓定律)

簡單來說,**電壓定律**就是「一個迴路提供的電壓,與流經迴路中所有元件之電流所消耗的電壓相等」。參考右頁的附圖,設迴路的電流為$I_1$、$I_2$(被稱為**網目電流**),便可由公式算出答案。這種設定網目電流,再用電壓定律計算的方法,被稱為**網目電流法**。

---

\***節點** 電路中線路與線路的交叉處。

## 克希荷夫第一定律（電流定律）

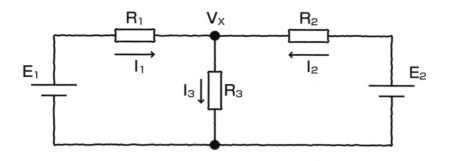

$$\frac{E_1 - V_X}{R_1} + \frac{E_2 - V_X}{R_2} = \frac{V_X - 0}{R_3}$$

$$I_1 \quad + \quad I_2 \quad = \quad I_3$$

## 克希荷夫第二定律（電壓定律）

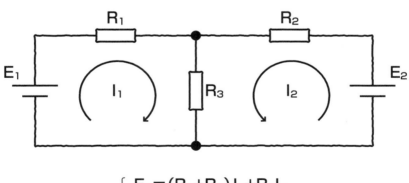

$$\begin{cases} E_1 = (R_1 + R_3)\,I_1 + R_3 I_2 \\ E_2 = R_3 I_1 + (R_2 + R_3)\,I_2 \end{cases}$$

## 節點電壓法與網目電壓法的計算範例

假設前頁電路中，電池、電阻的數值如下。試求通過各個電阻的電流。

以節點電壓法解題

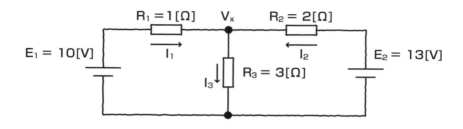

$$\underbrace{\frac{E_1-V_x}{R_1}}_{I_1} + \underbrace{\frac{E_2-V_x}{R_2}}_{I_2} = \underbrace{\frac{V_x-0}{R_3}}_{I_3}$$

$$10-V_x+ \frac{13}{2} - \frac{V_x}{2} = \frac{V_x}{3}$$

$$60-6V_x+39-3V_x = 2V_x$$

$$99 = 11V_x$$

$$\therefore V_x=9[V]$$

$$\therefore$$
$$I_1 = 1[A]$$
$$I_2 = 2[A]$$
$$I_3 = 3[A]$$

代入

列出算式時，要注意
電流與電壓的方向喔！

## 以網目電流法解題

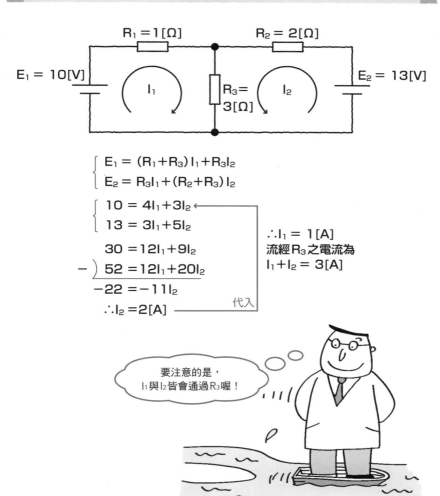

$$\begin{cases} E_1 = (R_1+R_3)I_1+R_3I_2 \\ E_2 = R_3I_1+(R_2+R_3)I_2 \end{cases}$$

$$\begin{cases} 10 = 4I_1+3I_2 \\ 13 = 3I_1+5I_2 \end{cases}$$

$$\begin{array}{r} 30 = 12I_1+9I_2 \\ -\ )\ 52 = 12I_1+20I_2 \\ \hline -22 = -11I_2 \end{array}$$

$$\therefore I_2 = 2[A]$$

代入

$$\therefore I_1 = 1[A]$$
流經 $R_3$ 之電流為
$$I_1+I_2 = 3[A]$$

要注意的是，
$I_1$ 與 $I_2$ 皆會通過 $R_3$ 喔！

　　綜上所述，節點電壓法與網目電流法可得到相同結果。至於哪種電路該用哪種方法計算，就得用經驗判斷了。首先請你冷靜下來，弄懂這個範例。順帶一提，第4章中的運算放大器分析，也可用節點電壓法計算。

---

**補充**

你有注意到嗎？在節點電壓法與網目電流法的例子中，我們使用的下標與數值相同，這是為了方便代入與驗算，並直觀理解其結果。

$R_1=1[\Omega]$、$R_2=2[\Omega]$、$R_3=3[\Omega]$、$I_1=1[A]$、$I_2=2[A]$、$I_3=3[A]$

當然，讀者最好能用真正的數值練習計算，不過在這之前，先讓我們練習如何列出式子，熟悉電路中節點電壓與網目電流的計算過程吧。

---

**Column**

## 說自己不懂節點電壓法的學生們

克希荷夫定律可以說是電路相關學習項目中的魔王。只要熟悉克希荷夫定律，接下來的學習也會一帆風順。

第一定律與第二定律或許比想像中的容易記住，但提到節點電壓法時，不少人卻會歪著頭問「那是什麼？」。印象中，在筆者還是學生時，確實比較常接觸到用網目電流法求解的題目。也因此，如果電路另外有個接地端，或者電路不是閉路的話，就容易讓人感到不安。之後的章節中常出現的運算放大器，就需要用到節點電壓法說明其原理。

即使是克希荷夫定律這種簡單的定律，也有不少人在學過之後就會忘記。若你想問「為什麼要學習2種分析方法？」的話，請謹記此時自己的疑問，並扎實的打好基礎，我認為這樣的學習態度相當重要。

# 1-5　了解被動元件的心情

## Point

　　本節讓我們來看看電力電路的基本元件——R（電阻）、C（電容）、L（電感）的特徵吧。

## 被動元件是什麼

　　**被動元件**指的是被施加電壓、電流時，會消耗、累積電能的元件，包括電阻、電容、電感等。

### ● 電阻　R [Ω：歐姆]

　　電阻零件也出現在小學的自然科實驗中。實際電阻如下圖所示，可用**色碼**的顏色判斷其電阻值大小。符號為R，單位為Ω（歐姆）。電路圖中以四方形或鋸齒線表示。

**電阻符號與色標**

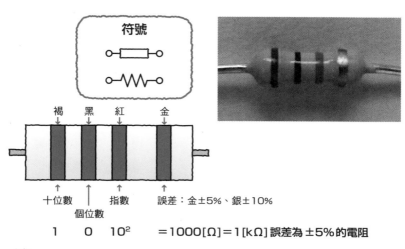

|  |  |  |  |
|---|---|---|---|
| 褐 | 黑 | 紅 | 金 |
| ↑ | ↑ | ↑ | ↑ |
| 十位數 | | 指數 | 誤差：金±5%、銀±10% |
| | 個位數 | | |

$$1 \quad 0 \quad 10^2 \quad =1000[\Omega]=1[k\Omega] \text{ 誤差為 } \pm5\% \text{ 的電阻}$$

色標
黑（0）　褐（1）　紅（2）　橙（3）　黃（4）　綠（5）　藍（6）　紫（7）　灰（8）　白（9）

## ● 電容 C [F：法拉]

在小學自然科中，提到「電力應用：蓄電」這個關鍵字時，會提到**電容**這個元件。

實際上的電容，外型如下圖所示。電容相關公式與歐姆定律也有相似處，只要將歐姆定律中的電阻R換成1/C，I換成Q就可以了。這裡的Q（單位為[C：庫侖]）被稱為**電荷**，表示電流總量。電流I可想像成流動的水，電荷Q可想像成水桶中累積的水量。

與電阻不同，C的數值愈小時，電容兩端的電壓愈大。串聯與並聯的合成電容計算方式如下。電容符號為C，單位為F（法拉）。電路圖中，會像是用2塊板子圍成水桶般，用2條平行線來表示電容。

**電容的符號與合成電容的計算**

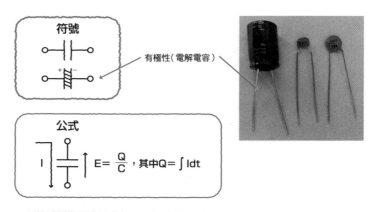

符號

有極性（電解電容）

公式

$E = \dfrac{Q}{C}$，其中$Q = \int I dt$

合成電容

串聯　$\dfrac{1}{\dfrac{1}{C_1} + \dfrac{1}{C_2}} = \dfrac{C_1 C_2}{C_1 + C_2} = \dfrac{積}{和}$

並聯　$C_1 + C_2$

## 阻抗的概念

　　看到這裡，學生可能會有個疑問。合成電容C的情況與合成電阻R的情況「不同嗎？相反嗎？」。那麼同時包含有R與C的電路，計算起來會很複雜嗎？

　　這裡就需要**阻抗**的概念，以及複數這個數學概念。複數可以用以下算式表示，可以把它想像成**阻抗三兄弟**。

**阻抗的公式**

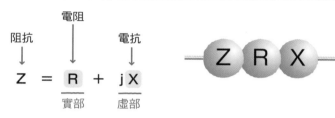

　　等號右邊的第1項為**實部**，有j的第2項為**虛部**。順帶一提，j是代表虛數的符號，即$j \times j = -1$。數學會用i來表示虛數，電力、電子電路的i通常表示電流，故改用j來表示虛數。

　　當我們用$1/j\omega C$來表示電容時，就可以將同時含有R與C的電路（之後統稱為RC電路）視為只有R的電路，以歐姆定律計算。如次頁上圖所示，含有電阻與電容之電路中，阻抗Z可寫為$Z = R + 1/j\omega C$（我們將在1-6節說明$\omega$的意義）。

　　讓我們來確認一下，把C當成R的時候，能否順利計算出正確答案吧（次頁下圖）。計算2個C的串聯電路、並聯電路阻抗，可以看出在$j\omega$之後的部分，與前面的合成電容公式相同。

## 用jω表示的RC電路

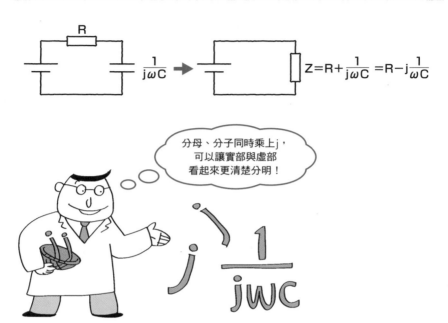

$$Z=R+\frac{1}{j\omega C}=R-j\frac{1}{\omega C}$$

分母、分子同時乘上 j，
可以讓實部與虛部
看起來更清楚分明！

## 用jω表示電容時的串並聯計算

串聯

$$=\frac{1}{j\omega C_1}+\frac{1}{j\omega C_2}=\frac{1}{j\omega\left(\dfrac{C_1 C_2}{C_1+C_2}\right)}$$

合成電容

並聯

$$=\frac{1}{j\omega C_1+j\omega C_2}=\frac{1}{j\omega(C_1+C_2)}$$

合成電容

## 電感　L [H：亨利]

**電感**元件如次頁圖所示，電路圖上常用捲成螺線狀的曲線表示。實際上的電感元件也是由銅線纏繞多圈製成。

電感表示成 $j\omega L$ 時，便可計算串並聯時的電感，就像計算串並聯時的電阻一樣，如次頁所示。

線圈纏繞方向不同時，電感的方向也不一樣。等到你習慣這個元件後，可再試著閱讀其他書籍中與電感有關的內容。無論如何，電感可以說是電路初學者最少碰到的元件。

電子電路中，只會在濾波器電路、高頻電路等需要排除電源雜訊的時候看到電感。說得更直接一點，被動元件一般只涉及電阻與電容。

電容兩端的電壓為 $V_C = 1/C(\int I dt)$，電感兩端的電壓為 $V_L = L(dI/dt)$，請記好這2個算式。這與高中數學的微積分密切相關，下一節中會稍微提到一些。

直觀上來說，$V_C$ 是積分波形，會緩慢改變；$V_L$ 則是微分波形，對變化比較敏感。

這些公式在電力電路相關書籍中會稍微提到，在電磁學相關書籍中則會詳細說明。

電磁學會詳細討論國中時學過的「右手定則」、「弗萊明左手定則」。也有不少書籍能深入淺出介紹這些物理定律，請您試著挑戰看看。

## 電感符號與使用 $j\omega$ 進行串並聯計算

符號

公式

$$E = L\frac{dI}{dt}$$

串聯

$$j\omega L_1 \quad j\omega L_2 \quad \longrightarrow \quad = j\omega(L_1 + L_2)$$

並聯

$$j\omega L_1$$
$$j\omega L_2$$

$$\longrightarrow \quad = \frac{1}{\dfrac{1}{j\omega L_1} + \dfrac{1}{j\omega L_2}} = j\omega\left(\frac{L_1 L_2}{L_1 + L_2}\right)$$

只要熟悉電阻、電容，
電感就沒問題囉！

# 1-6 魔法般的關鍵字jω
## …微分、積分的直觀理解

> 🔑 **Point**
>
> C或L加上jω後，就可以當成R，用歐姆定律計算相關問題，十分方便。這裡讓我們試著說明ω（omega）的意思，並討論微分、積分以及jω之間的關係。

## 弧度與ω的意義

工程領域中，一般會用**弧度**（rad）做為角度單位。

想像有個**單位圓**（半徑為1的圓），將圓周想成一條長度為$2\pi$的繩子，此時各個角度對應的繩子位置分別為$0° = 0$[rad]、$90° = \pi/2$[rad]、$180° = \pi$[rad]。因而繞圓一周的波，即可表示成$360° = 2\pi$[rad]。

這裡讓我們來說明一下ω（omega）的意義吧。$\omega = 2\pi f$，這裡的f為**頻率**。若波在1秒內振盪1次，則這個波為1[Hz]。所以1[kHz]的波，1秒內會振盪1000次。

將波的振盪次數乘上$2\pi$，就表示波在1秒內振盪的程度，可以理解成速度。因此ω也稱為**角速度**（單位為[rad/s]），顯示出了電訊號波的振盪激烈程度，是相當重要的資訊。

我們可以把ω乘上時間t，畫出橫軸為ωt的圖。

### 度與弧度的關係

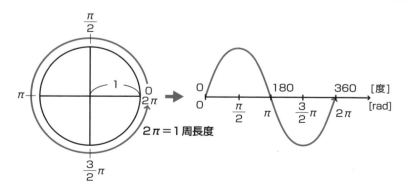

舉例來說，1秒內振盪2次的波，頻率為2[Hz]，代入角速度×時間的算式，可以知道這個波的振盪能力為4πt。這表示，波在1秒後會抵達位於4π的位置。這種寫法可清楚表示「特定角速度的波（ω）在特定時間（t）後會抵達什麼地方」。

**橫軸為ωt的圖形**

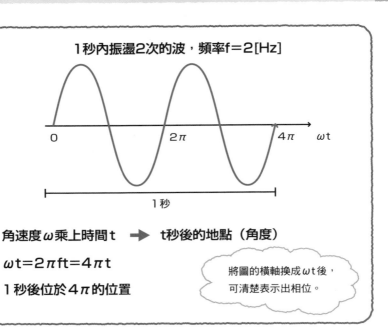

1秒內振盪2次的波，頻率f＝2[Hz]

角速度ω乘上時間t ➡ t秒後的地點（角度）

ωt＝2πft＝4πt

1秒後位於4π的位置

將圖的橫軸換成ωt後，可清楚表示出相位。

---

**Column**

## 橫軸是ωt(角度)？　t(時間)？

觀測波形時，一般會以t做為橫軸，為什麼本書會以ωt做為橫軸呢？下一節中，我們講到「相位」的概念時，會出現「請往左邊移動π/2」之類的動作，而以ωt做為橫軸時，可以幫助我們理解這個動作的意義。如果橫軸為t，就必須改用「請往左邊移動1個週期的1/4」的方式描述才行。雖然可能會讓您有些混亂，不過平常請先透過橫軸為ωt的圖了解相位的概念，有餘裕的話，再試著思考橫軸為t的圖。

## 正弦波（sin波）與餘弦波（cos波）

前一節中我們提到了波，這裡請先記住特別重要的**正弦波**與**餘弦波**。下圖中，波的起點為0，這種波被稱為**正弦波**，也稱做**sin波**。

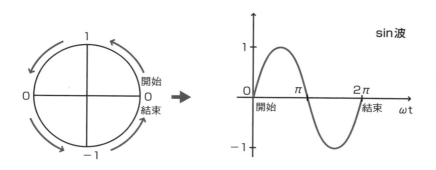

sin波

**餘弦波**如下圖所示，是起點為1的波。這種波也被稱為**cos波**。

電子電路中常會用到sin波與cos波，請熟記它們。

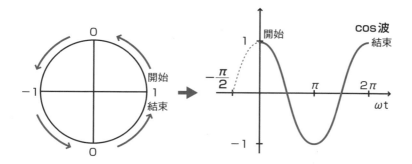

cos波

## 波形的微分與積分

　　微分、積分是高中數學中最重要的單元，詳情請參閱高中教科書。這裡讓我們把焦點放在對波的微分與積分，掌握基本的觀念。

　　**微分**指的是「變化的程度」。數值大幅變化時，微分值也愈大。請看下圖，虛線A點為變化最大的點，B點為變化最小的點，將虛線的變化程度描繪出來後，便可得到實線。由此可以看出，sinωt的微分是cosωt。

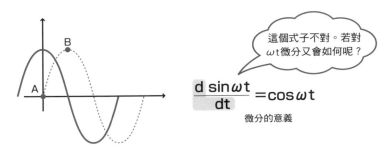

**sin 波的微分＝cos 波**

這個式子不對。若對 ωt微分又會如何呢？

$$\frac{d\,\sin\omega t}{dt}=\cos\omega t$$

微分的意義

　　**積分**則是指「波形的面積的加總」。以虛線表示的cosωt，積分後可得到實線。面積最大的A點，積分後數值也最大；面積最小的B點，積分後數值也最小。也就是說，cosωt的積分為sinωt。

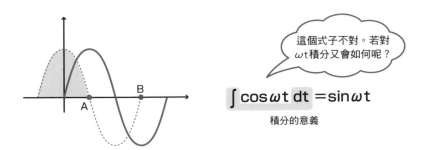

**cos 波的積分＝sin 波**

這個式子不對。若對 ωt積分又會如何呢？

$$\int \cos\omega t\ dt = \sin\omega t$$

積分的意義

讓我們再進一步思考。**微分**可讓原本的波超前 π/2；相對的，**積分**可讓原本的波滯後 π/2。也就是說，$\sin(\omega t + \pi/2) = \cos\omega t$、$\cos(\omega t - \pi/2) = \sin\omega t$。

這個 π/2 的差，被稱為**相位**，請牢記這個詞。相位超前、滯後等描述常讓人混亂，只要記得波的起始點往左移動時，代表提早開始，即「超前」就行了。

## 相位的超前（微分）與滯後（積分）

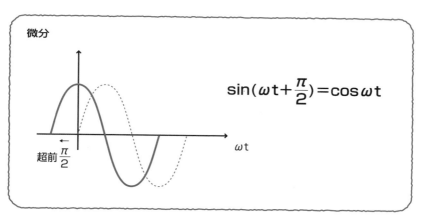

微分

$$\sin\left(\omega t + \frac{\pi}{2}\right) = \cos\omega t$$

超前 $\frac{\pi}{2}$

$\omega t$

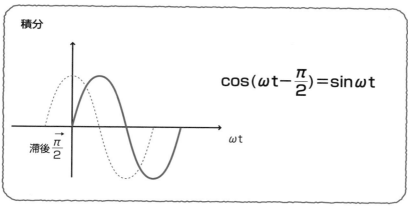

積分

$$\cos\left(\omega t - \frac{\pi}{2}\right) = \sin\omega t$$

滯後 $\frac{\pi}{2}$

$\omega t$

## 微分、積分與 $j\omega L$、$1/j\omega C$

觀察描述電感行為的公式可知,對電流微分後再乘上L,可得到電壓,所以這裡的 d/dt可以置換成 $j\omega$。

同樣的,觀察描述電容行為的公式,對電流積分後再乘上1/C,可得到電壓。因此這裡的 $\int dt$ 可以置換成 $1/j\omega$。

也就是說,我們可把 $j\omega$ 當做微分,把 $1/j\omega$ 當作積分。前面我們談到波時,如果有人覺得微分、積分與相位看起來也太困難的話,可以試著將其轉換成 $j\omega$ 或 $1/j\omega$,從相位的角度來思考。

### $j\omega$ 與微分、積分的關係

電感 微分 $j\omega$

$$E = L \frac{dI}{dt} = I \times \underline{j\omega L}$$

電容 積分 $\dfrac{1}{j\omega}$

$$E = \frac{Q}{C} = \frac{1}{C} \int I dt = \frac{I}{j\omega C} = I \times \underline{\frac{1}{j\omega C}}$$

$$E = I \times Z$$

有了 $j\omega$,就算是包含C與L的電路也不用怕了。

微積分這個數學工具可用在許多領域上。而在電力電路、電子電路領域中，常用到 $j\omega$ 這種處理方式，請牢記這點。

## 輸入脈衝訊號至RC電路

若輸入脈衝訊號至RC電路，會發生什麼事呢？由前頁的公式可以知道，C可寫成 $1/j\omega C$，再積分起來，得到逐漸上升的電壓波形。

**輸入電壓**為電阻與電容受施加電壓之和。故輸出電壓如下圖所示。

### 脈衝訊號與電容（積分電路）

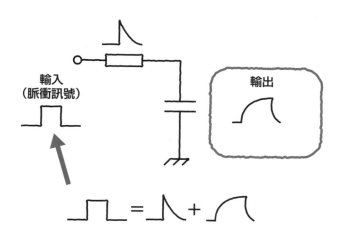

這種逐漸累積輸入電壓的波形，相當於積分的概念。

---

### 補充

嚴格來說，上述R、C兩端的電壓並非微分、積分波形。輸入脈衝訊號時，正確的微分、積分波形如次頁上方的圖所示。不過，這裡請你先別管那麼多，把上方有些圓滑的電壓波形，當成積分波形記下來就對了。

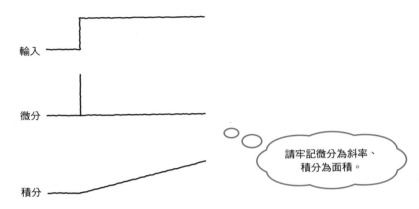

正確的微分波形與積分波形

輸入

微分

積分

請牢記微分為斜率、
積分為面積。

　接下來，交換R與C的位置。如此一來，輸入變化最大的時候，就是輸出最高的時候。也就是說，輸出會呈現微分般的波形。

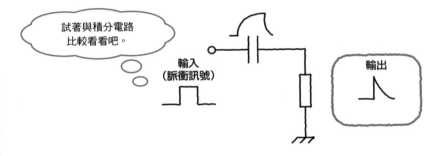

脈衝訊號與電阻（微分電路）

試著與積分電路
比較看看吧。

輸入
（脈衝訊號）

輸出

　綜上所述，以時間為橫軸，觀測RC電路的行為，可以得到積分般的結果或微分般的結果，也就是說，可以確認積分電路或微分電路的運作。

　只要轉換成 $j\omega$，就可以想像輸出波形的樣子，這讓電子電路領域變得相當有趣。

# 1-7 以濾波器取得頻率
## …時間軸與頻率軸 (Part I)

**Point**

　　理解電壓的分壓電路，透過R、C等簡單的元件，實現過濾頻率功能。

## 直流電、交流電、濾波器是什麼

　　**直流電**就像電池一樣，輸出的電壓不會隨著時間改變。**交流電**的電壓會像sin波一樣，隨著時間改變。頻率較低的交流訊號被稱為**低頻**，頻率較高的交流訊號則被稱為**高頻**。直流電源與交流電源的符號分別如下圖所示。

**直流、交流與頻率的關係**

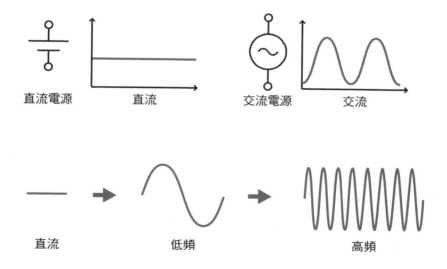

直流電源　　直流　　　交流電源　　交流

直流　　　低頻　　　高頻

　　沖咖啡時，濾紙可以擋住顆粒較大的咖啡豆，僅讓水通過；而**濾波器**的功能就像濾紙一樣。電子電路中談到過濾器時，指的是**頻率濾波器**。舉例來說，僅讓低頻訊號通過，擋下高頻訊號的濾波器，被稱為**低通濾波器**（LPF）。

**濾波器是什麼**

經濾波器處理後

**Column**

## 濾波器的「篩孔」愈小愈好

　　濾波器的功能如何決定呢？說到咖啡濾紙，如果篩孔太大的話，咖啡豆會穿過篩孔落入咖啡中，使咖啡無法飲用。也就是說，篩孔愈小愈好。

　　以頻率濾波器而言，「頻率特性愈嚴格」的濾波器就愈優秀。舉例來說，如果濾波器號稱可以過濾1[kHz]以上的訊號，且實際上1[kHz]以上的訊號真的完全無法通過，那麼這就是相當優秀的濾波器。不過，現實中並沒有那麼嚴格的濾波器。實際上，過濾出來的波還是會包含少許1.1[kHz]、1.2[kHz]的訊號。

　　研究頻率濾波器的人們會不斷追求濾波器嚴格的程度。你可以試著搜尋巴特沃斯、貝塞爾、切比雪夫、聯立切比雪夫等關鍵字，獲得更詳細的資訊。目前過濾理論已相當完備，很好理解。如果你的目標是要精通電子電路，建議您挑戰看看。

## 分壓定律

如下圖所示，請試著求出由2個電阻與電池（直流）構成之電路的輸出電壓$V_o$。

電阻為串聯，故合成電阻為兩者直接相加（$R_1 + R_2$），再用電池的電壓$V_i$除以合成電阻，便可得到電流I。然後將這個電流I再乘上電阻$R_2$，就可以得到$V_o$。

一般來說，這樣解題不會有什麼問題，不過你可以試著再記住另一個方便的計算方式。電阻愈大，承受的電壓就愈大，所以$V_o =$［（所求電壓對應的電阻）／（合成電阻）］$\times V_i$，也就是

$$V_o = \frac{R_2}{R_1 + R_2} V_i$$

這樣就能輕鬆算出答案了。

這種計算方式被稱為**分壓定律**。就結果而言，與透過電流計算答案的方式相同，但因為很常用到，所以也可以當做公式記下來。

順帶一提，這個電路中，若將$V_i$降至需要的數值，則可做為衰減器使用。

**電阻分到的電壓分壓**

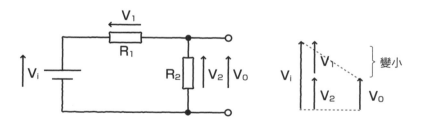

## RC濾波器

前節的電路中，若將其中一個電阻換成電容，仍可用分壓定律計算輸出電壓，如下圖所示。

這裡請把焦點放在 $j\omega$ 的 $\omega$ 上。如前節所述，由於 $\omega = 2\pi f$，故 $\omega$ 的大小取決於頻率 f[Hz]。也就是說，由這個式子可以看出，頻率愈高的訊號，衰減程度愈多。而對頻率較低的訊號而言，輸出電壓幾乎等於 $v_i$。綜上所述，這個裝置可擋下高頻率的波，只讓低頻率的波通過，而被稱為**低通濾波器（LPF）**。

低通濾波器

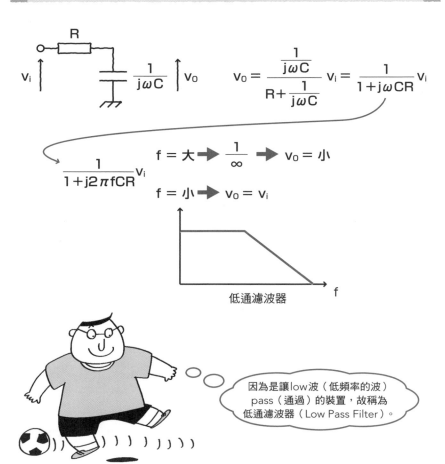

$$v_0 = \frac{\frac{1}{j\omega C}}{R + \frac{1}{j\omega C}} v_i = \frac{1}{1 + j\omega CR} v_i$$

$$\frac{1}{1 + j2\pi fCR} v_i$$

$f = 大 \Rightarrow \frac{1}{\infty} \Rightarrow v_0 = 小$

$f = 小 \Rightarrow v_0 = v_i$

低通濾波器

因為是讓low波（低頻率的波）pass（通過）的裝置，故稱為低通濾波器（Low Pass Filter）。

## 交換R與C的位置！

試著交換低通濾波器的R與C的位置吧。用分壓定律再次計算後，可得到下圖。

由計算結果可以看出，頻率愈低的訊號，衰減程度愈多。而對頻率較高的訊號而言，輸出電壓幾乎等於$v_i$。綜上所述，這個裝置可擋下低頻率的波，只讓高頻率的波通過，被稱為**高通濾波器**（HPF）。

**高通濾波器**

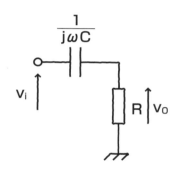

$$v_0 = \frac{R}{\frac{1}{j\omega C} + R} v_i$$

$$f = 大 \blacktriangleright v_0 = v_i$$

$$f = 小 \blacktriangleright \frac{R}{\infty} \blacktriangleright v_0 = 小$$

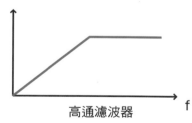

高通濾波器

因為是讓high波（高頻率的波）pass（通過）的裝置，故稱為高通濾波器（High Pass Filter）。

## 橫軸頻率與橫軸時間

　　前面介紹的低通濾波器與高通濾波器,都把焦點放在通過或衰減的頻率上,圖形的橫軸為頻率。不過,若用示波器等裝置觀測波形,則橫軸會是時間或 $\omega t$,就像前節的圖形一樣。

　　學習RC電路時,需隨時注意圖形橫軸是時間還是頻率,兩種情況可整理如下。

**RC電路與橫軸(時間、頻率)的關係**

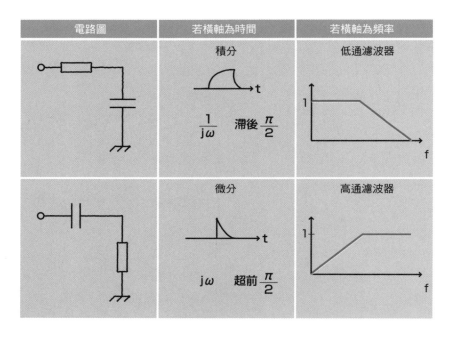

學習RC電路時,
需隨時注意圖形
橫軸是時間或頻率。

# 1-8 了解電晶體與二極體的心情

🔑 **Point**

電力電路的部分已複習完畢。

接著要介紹的是電子電路的主角——二極體與電晶體等主動元件，讓我們進一步了解它們的特性吧。

## 主動元件是什麼

**主動元件**指的是能放大電壓、電流，或改變其波形的元件，包括二極體與電晶體。

### ● 二極體

**二極體**的符號如下圖所示，2 個端子的名稱分別為**陽極**、**陰極**。

---

**二極體與 LED**

陽極　　　陰極

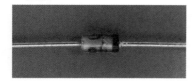

二極體

LED 也是二極體的一種

Light Emitting Diode

如下圖所示，若施加的電壓超過**閾值電壓**，電流就會開始快速上升。

簡單來說，二極體只有在

> 陽極電壓＞陰極電壓　※被稱為順向

的時候，才會讓電流通過，方向相反的電流會被擋下來，就像開關一樣。

**二極體的順向、逆向特性**

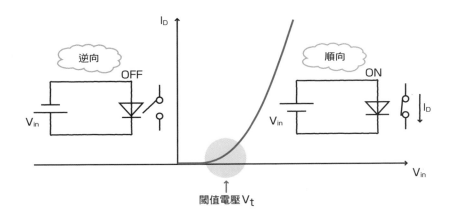

運用這種性質，便能改變電流波形，實現整流功能，如下圖所示。

**二極體的半波整流**

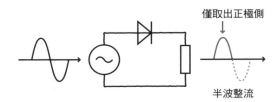

### ● 電晶體

**電晶體**的符號如下圖所示，各個端子的名稱分別為**基極、射極、集極**。

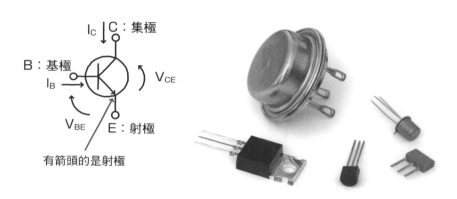

電晶體

$I_C$ ↓ C：集極

B：基極

$I_B$ → $V_{CE}$

$V_{BE}$ E：射極

有箭頭的是射極

說明電晶體時，需用到次頁的2張圖。第1張圖描述的是$V_{BE}$-$I_B$特性（輸入特性），表示不同的輸入電壓下，基極的電流變化。

第2張圖則是描述$V_{CE}$-$I_C$特性（輸出特性），表示當$I_B$有電流通過時，施加電壓$V_{CE}$，可產生較大的電流$I_C$。

這2張圖（被稱為特性圖）中，縱軸的單位是重點所在。$I_B$與$I_C$的單位（前綴詞 μ 表示1/1000000，前綴詞m表示1/1000）不同，較小的$I_B$可產生較大的$I_C$，這就是電晶體的**放大**功能。

---

補充

描述輸出特性的圖中，之所以有好幾條曲線，是因為輸入電流$I_B$改變時，輸出電流$I_C$也會跟著改變。

電晶體的輸入特性與輸出特性

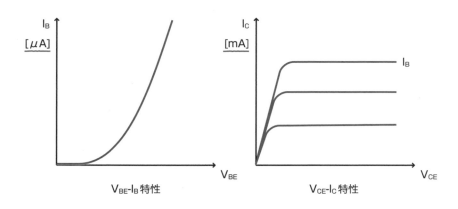

電晶體可分成npn型與pnp型這2種類型。此外,還有MOS電晶體。我們將在下一節中介紹它們的結構。

### 只說電晶體時,指的是雙極性電晶體?

提到**電晶體**時,一般指的是雙極性電晶體(將於下節中說明)。同樣的,提到**二極體**時,一般指的是**矽二極體**。

不過,目前的IC(積體電路)中,以MOS電晶體為主流。本書雖不會詳細說明,不過這種電晶體是場效電晶體(FET:Field Effect Transistor)的一種,被稱為MOS-FET。此外,FET還包括J-FET這種電晶體。

一般電子電路的教科書中,以雙極性電晶體為主,MOS-FET則只會稍微帶過,不過現在以MOS-FET為主題的教科書正在增加中。雖然我不覺得雙極性電晶體會消失,但對於從現在起才開始要學習電子電路的人來說,最好也要知道MOS-FET這種重要元件。

# 1-9 電晶體的主成分
## …半導體的基礎

> **Point**
>
> 　　這一節就讓我們一邊回憶周期表，一邊學習二極體與電晶體的結構吧。

## 半導體是什麼

　　**半導體**的導電性質介於導體（易導電）與絕緣體（不易導電）兩者之間。其中，矽（Si）及鍺（Ge）為代表性的半導體，屬於週期表中的第14族（參考第50～51頁的圖）。

　　沒有摻雜雜質的Si或Ge，被稱為**本質半導體**；摻雜了其他元素的半導體，則被稱為**雜質半導體**。

　　若週期表中的第14族元素物質中，摻雜了電子數較少的第13族元素，會在半導體內形成有正電性質的**電洞**，是**載子**的一種。含有電洞載子的雜質半導體，被稱為**p型半導體**。相對的，若第14族元素物質中，摻雜了電子數較多的第15族元素，會在半導體內形成有負電性質的電子載子。含有電子載子的雜質半導體，被稱為**n型半導體**。

**本質半導體與雜質半導體**

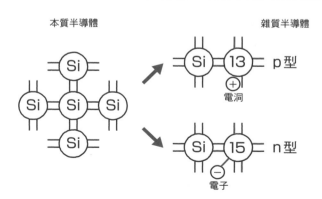

本質半導體

雜質半導體

p型
Si 13
⊕
電洞

n型
Si 15
⊖
電子

**週期表**

| 族 | | 1 | 2 | 3 | 4 | 5 | 6 | 7 | 8 | 9 |
|---|---|---|---|---|---|---|---|---|---|---|
| 週期 | 1 | 1 H | | | | | | | | |
| | 2 | 3 Li | 4 Be | | | | | | | |
| | 3 | 11 Na | 12 Mg | | | | | | | |
| | 4 | 19 K | 20 Ca | 21 Sc | 22 Ti | 23 V | 24 Cr | 25 Mn | 26 Fe | 27 Co |
| | 5 | 37 Rb | 38 Sr | 39 Y | 40 Zr | 41 Nb | 42 Mo | 43 Tc | 44 Ru | 45 Rh |
| | 6 | 55 Cs | 56 Ba | 57-71 | 72 Hf | 73 Ta | 74 W | 75 Re | 76 Os | 77 Ir |
| | 7 | 87 Fr | 88 Ra | 89-103 | 104 Rf | 105 Db | 106 Sg | 107 Bh | 108 Hs | 109 Mt |

| 57 La | 58 Ce | 59 Pr | 60 Nd | 61 Pm | 62 Sm | 63 Eu |
|---|---|---|---|---|---|---|
| 89 Ac | 90 Th | 91 Pa | 92 U | 93 Np | 94 Pu | 95 Am |

1869年門得列夫發現了
元素的週期性規則。
2016年，週期表終於完成。

| 10 | 11 | 12 | 13 | 14 | 15 | 16 | 17 | 18 |
|---|---|---|---|---|---|---|---|---|
| | | | | | | | | 2 He |
| | | | 5 B 硼 | 6 C 碳 | 7 N 氮 | 8 O | 9 F | 10 Ne |
| | | | 13 Al 鋁 | 14 Si 矽 | 15 P 磷 | 16 S | 17 Cl | 18 Ar |
| 28 Ni | 29 Cu | 30 Zn | 31 Ga 鎵 | 32 Ge 鍺 | 33 As 砷 | 34 Se | 35 Br | 36 Kr |
| 46 Pd | 47 Ag | 48 Cd | 49 In | 50 Sn | 51 Sb | 52 Te | 53 I | 54 Xe |
| 78 Pt | 79 Au | 80 Hg | 81 Tl | 82 Pb | 83 Bi | 84 Po | 85 At | 86 Rn |
| 110 Ds | 111 Rg | 112 Cn | 113 Nh 鉨 | 114 Fl | 115 Mc | 116 Lv | 117 Ts | 118 Og |

矽的英文為 silicon。

| 64 Gd | 65 Tb | 66 Dy | 67 Ho | 68 Er | 69 Tm | 70 Yb | 71 Lu |
|---|---|---|---|---|---|---|---|
| 96 Cm | 97 Bk | 98 Cf | 99 Es | 100 Fm | 101 Md | 102 No | 103 Lr |

由日本人發現，於2016年命名。

作圖：Sumiko Kido

## 二極體的結構

**二極體**是由p型半導體與n型半導體組成的結構。如前節說明，當順向電壓超過閾值電壓時，才會產生電流。若電壓為逆向，則不會產生電流。這種作用被稱為**整流作用**。

順向情況可想像成「由電池負極發出的負電粒子大舉衝向二極體，並貫穿了p型半導體」，逆向情況則可想像成「來自負極的負電粒子撞上p型半導體內的正電粒子後彼此抵銷，故無法貫穿半導體」。

**二極體的結構與電流流向**

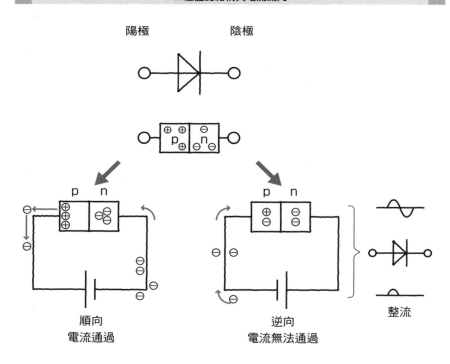

※電子移動方向與電流方向相反。

## 電晶體的結構

**電晶體**可分為雙極性電晶體與MOS電晶體兩大類。**雙極性電晶體**可想像成是2個前面提到的二極體相連而成的元件。由符號中的箭頭方向,可以判斷是npn型或pnp型雙極性電晶體。

另一方面,**MOS電晶體**的MOS指的是Metal-Oxide-Semiconductor,即金屬(導體)—氧化物(絕緣體)—半導體的意思。3個端子的名稱分別為閘極、汲極、源極,依圖中箭頭方向,可判斷其為NMOS或PMOS。

**雙極性電晶體與MOS電晶體**

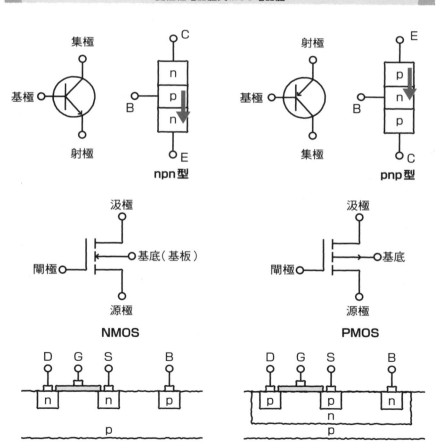

# 1-10 窺探IC的內部結構

## Point

電子電路中所用到的電晶體數目，從1個到數萬個都有可能。讓我們來簡單看看積體電路（IC＊）的演進過程吧。

### 離散元件與IC

電子電路中可能會用到許多離散元件，這些離散元件組合後可實現特定功能。我們一般會在麵包板或通用基板上配置各種離散元件。若有基板加工機可以用，還可以透過裁切、削剪等方式製作基板。

**可自由插拔的麵包板**

離散元件

麵包板

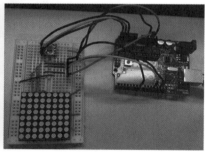

備齊各種零件
是件麻煩的事，
要整理也很麻煩。

---

＊**IC** Integrated Circuit的簡稱。

**從需要焊接的電路基板，來到積體電路的世界**

通用基板（正面）

通用基板（背面）

裁切後基板（正面）

裁切後基板（背面）

積體電路（拿掉蓋子的狀態）

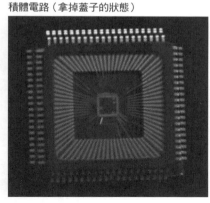

照片上看起來很大，
但中間正方形的積體電路
邊長只有2.3mm。

若電子電路需要的元件相當多，一般就不會用離散元件製作，而是會改用積體電路（IC）的方式製成晶片。目前在許多日本的大學、高職內，因為有 **VDEC** \*的緣故，所以能像企業實務上使用的CAD等模擬器一樣，設計自己原創的積體電路。

## IC內部與布局

IC內塞了許多電晶體、電阻、電容等元件。現在主流上會用MOS電晶體組成逆變器（由2個電晶體組合而成，可反轉輸入與輸出的電路），再以電路圖的方式呈現整體晶片布局。也就是用CAD從幾何學的方式描繪元件（被稱為**布局**（layout）），以得到積體電路的設計圖。

### 用電腦設計電子電路

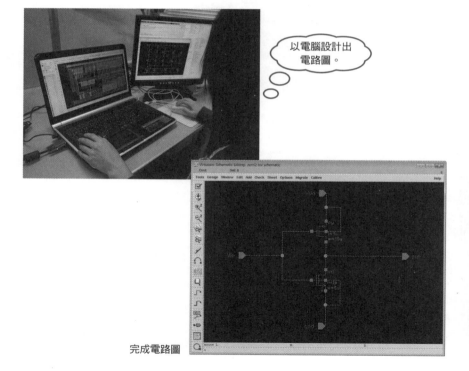

以電腦設計出電路圖。

完成電路圖

---

\* **VDEC** 東京大學的大型積體電路設計教育研究中心（VLSI Design and Education Center）的簡稱。
2019年10月以後，改稱為系統設計研究中心（d.lab）繼續活動。

**經過模擬與布局階段後，完成晶片**

模擬

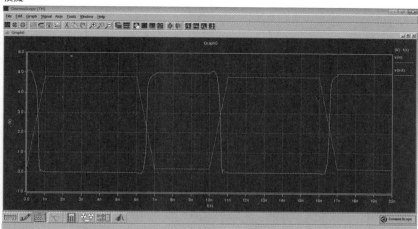

布局

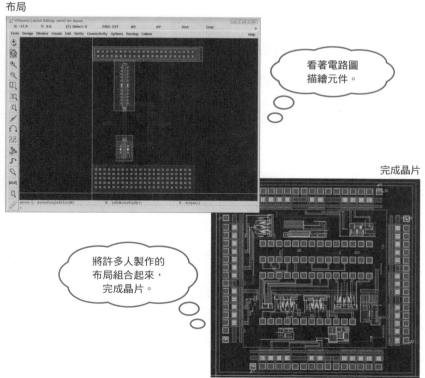

看著電路圖
描繪元件。

完成晶片

將許多人製作的
布局組合起來，
完成晶片。

　　完成布局後，再將資料送到其他公司試做晶片，需等待數個月（這個交付資料的步驟，被稱為**投片**（tape out），由於是個相當重要的日子，通常會舉行慶功宴慰勞員工，所以大家都會很開心）。

　　因此，IC設計人員一般都不會碰到電晶體，而是在電腦前進行模擬、布局等作業，請先有這樣的概念。

　　一般來說，試作會交給晶圓代工廠（foundry）進行，所以IC設計人員很少會進入無塵室作業。詳細的晶片製作方式，請參考與「半導體工程」相關的書籍。

**無塵室作業**

在1粒灰塵都沒有的環境製作IC。

# 1-11 使用電晶體的準備運動
## …方便的h參數

Point

　　自本節起，將討論使用電晶體的電路。
　　作為暖身，我們需要先引入電晶體的電力電路知識，熟悉**h參數**這個思考方式。

## 電晶體與等效電路

　　若要用言語說明電晶體的功能，那就是「將較小的輸入電壓（電流）轉換成較大的輸出電壓（電流）」。討論電晶體的輸入輸出特性時，會假設施加的輸入電壓為$V_{BE}$、電流為$I_B$，並輸出較大的電流$I_C$。

### 以電力電路知識，將電晶體轉換成等效電路

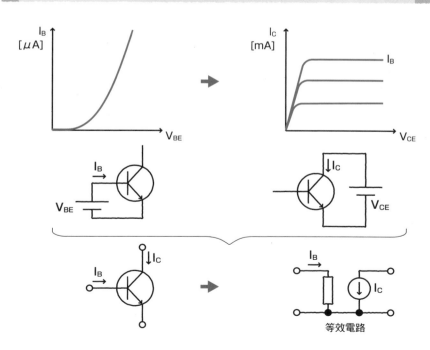

等效電路

　若用電力電路中的元件來表示電晶體，可得到前頁的圖。這種「電力電路」與電晶體運作方式「等效」，故被稱為**等效電路**。

## h參數

　以下整理了前述等效電路的輸入與輸出關係。電晶體的輸入與輸出如下圖，兩者關係則如圖中關係式所示。

**電晶體與h參數**

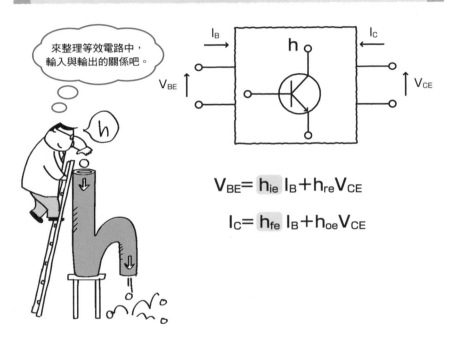

來整理等效電路中，輸入與輸出的關係吧。

$$V_{BE} = h_{ie}\ I_B + h_{re} V_{CE}$$

$$I_C = h_{fe}\ I_B + h_{oe} V_{CE}$$

　式子中出現的4個參數（$h_{ie}$、$h_{fe}$、$h_{oe}$、$h_{re}$）被稱為**h參數**。若假設$h_{oe}$、$h_{re}$數值極小，僅以$h_{ie}$、$h_{fe}$表示等效電路，則被稱為**簡易等效電路**，如右頁圖所示。

　$h_{ie}$為**輸入阻抗**，代表輸入電流的通過難度；$h_{fe}$為**電流放大率**，代表相對於輸入電流，輸出電流增加了多少倍。

**以 h$_{ie}$、h$_{fe}$ 描述的簡易等效電路**

$$h_{ie} = \frac{\Delta V_{BE}}{\Delta I_B}\bigg|_{V_{CE}=0} \quad \text{：輸入阻抗}$$

$$h_{fe} = \frac{\Delta I_C}{\Delta I_B}\bigg|_{V_{CE}=0} \quad \text{：電流放大率}$$

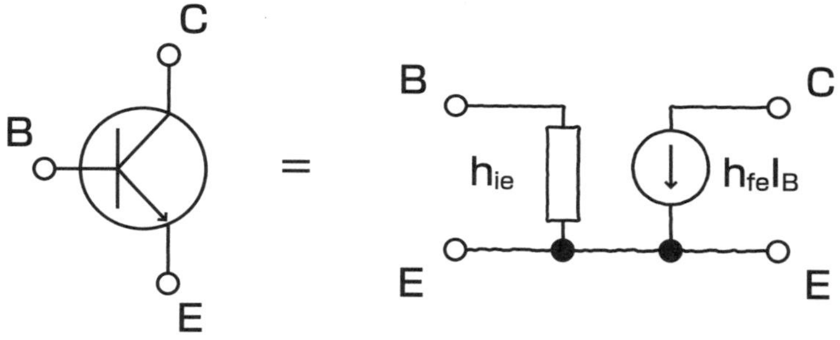

**Column**

## 電子電路使用的大小寫符號與下標

　　寫成 I$_B$ 的電流，與寫成 i$_b$ 的電流有什麼不一樣呢？簡單來說，就是直流與交流（小訊號）的差別。

　　像這樣用不同方式表示直流與交流，比較容易讓大家了解第 2 章說明的訊號放大或偏壓的概念。電子電路的初學者常會搞混大寫、小寫、下標的意義，請先熟記它們的差別。

　　另外，電壓 V$_{BE}$ 在圖中會用 E 端子往 B 端子的箭頭表示，為兩端子間的電壓。電壓與電流箭頭的方向，是初學者的一大障礙。雖然是很簡單的東西，但還是建議您先熟記這些內容，再繼續往下閱讀。

## 第1章真正想談的事

第1章中，我們提到電力電路的基礎，並引入了些許電子電路內容。您能試著回答以下這個問題嗎？

問題：脈衝波最後會急遽下降，那麼這個部分的微分波形會是如何呢？

回答：這會是往下的尖銳突波。許多人看到負向波形時會覺得混亂，所以前面沒有把它畫出來。若回答得出來，或許就代表您已相當了解波形與微分的關係。

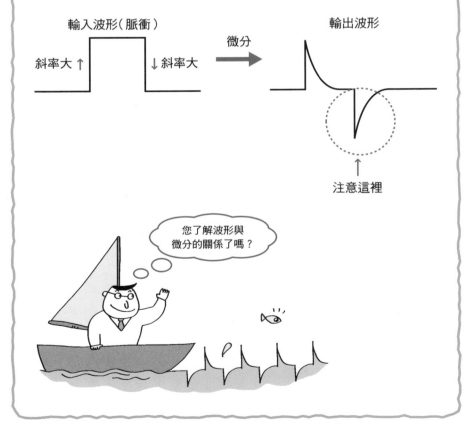

第 **2** 章

# 類比電子電路的功能
## 「放大」的概念與計算

　　本章將說明「放大」的概念。首先，要介紹的是電子技術人員常用的單位dB（分貝），讓我們先試著熟練使用這個單位。接著要了解放大訊號前的準備（偏壓電路）與放大用的工具（負載、輸入輸出阻抗），加深對「放大」的理解。在本章的最後，則會介紹電晶體除了「放大」之外的另一個特徵「開關」，做為進入數位電路主題的引線。

# 將訊號「放大」
## …電壓放大率、電流放大率

🔑 **Point**

　　本節將介紹什麼是訊號，並運用第1章中介紹的h參數與特性圖，說明「放大」的概念。

### 訊號與「放大」

　　訊號指的是電的波。以聲音來說，縱軸**振幅**愈大，聽起來愈大聲；振幅愈小，聽起來愈小聲。另外，波在橫軸的1秒內振盪愈多次（頻率），聲音聽起來就愈高亢；振盪愈少次，聲音聽起來就愈低沉。

　　舉例來說，音樂課上學到的Do Re Mi Fa So La Ti Do中，La音的聲波就包含了「1秒內振盪440次（頻率為440[Hz]）」的訊號。

**聲音的大小與高低**

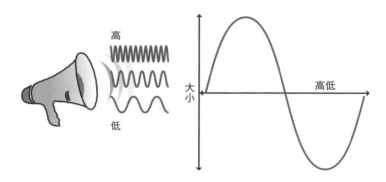

　　因此所謂的**放大**，指的是將某個頻率的訊號，振幅增加到一定大小。

## 電壓放大率、電流放大率

電晶體加上1個電阻後，可得到以下電路圖。就如同前章所述，電晶體的特性是能夠放大輸入電流$i_b$，得到較大的電流$i_c$。換句話說，以這個電路為例，$h_{fe} = i_c/i_b$就被稱為**電流放大率**。

**何謂電流放大率**

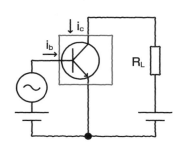

這裡省略了代表訊號變化程度的 △（delta）。

$$A_i = h_{fe} = \frac{i_c \, [mA]}{i_b \, [\mu A]} : \text{電流放大率}$$

接著，讓我們試著用前章學到的等效電路，置換上圖的電晶體部分吧。而圖中的輸入部分與輸出部分會符合克希荷夫定律，計算後便可得到**電壓放大率**。

**何謂電壓放大率**

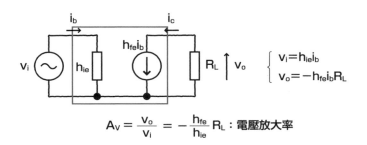

$$v_i = h_{ie} i_b$$
$$v_o = -h_{fe} i_b R_L$$

$$A_v = \frac{v_o}{v_i} = -\frac{h_{fe}}{h_{ie}} R_L : \text{電壓放大率}$$

綜上所述，我們可以將這個放大電流或電壓的裝置，理解成電晶體加上1個電阻。

# 圖形縱軸不是「倍」，而是「分貝」

**Point**

　　日常生活中，我們常會用到「倍」這個詞，不過在電力、電子、資訊領域中，比較常用到dB（分貝）這個單位。成為工程師的第一步，就是要記住dB這個單位。

## 分貝[dB]

　　在文件上看到「10000000000倍」的時候，你能馬上說出這是幾倍嗎？光是數0的個數就得花上不少時間了吧。如果改用**分貝**來表示的話，就是200[dB]。40[dB]是100倍，20[dB]是10倍（每多20[dB]，就變成原本的10倍）。所以說，分貝這個單位相當適合用來表示放大倍率的數值。

**倍與分貝**

記下來吧！

20[dB]＝10倍
40[dB]＝100倍

200[dB] ·············· 40[dB]　20[dB]

1 0 0 0 0 0 0 0 0 0 0 倍

‖

200[dB]

　　用分貝來表示放大倍率時會方便許多。舉例來說，如果我們將40[dB]與20[dB]的放大器串聯起來，放大倍率就是60[dB]，只要用簡單加法相加即可。請記住這個相當方便的單位。

**補充**

　　[dB]的d（deci-）與公合[dL]的d一樣，都是表示$10^{-1}$之前綴詞。本書之前的內容中曾出現[kΩ]這個單位，這裡的k（kilo-）則是表示$10^{3}$的前綴詞。

## 串聯時的分貝計算

加法計算即可

以上為電壓的情況。做為參考，倍與dB的轉換式如下圖所示，電力的分貝所使用的係數與電壓不同。如果到這裡還很輕鬆的話，可試著練習倍到dB、dB到倍這2種方向的轉換。此時請多利用工程計算機。

## 分貝與倍的轉換式

電壓的情況

$$20 \log_{10}(10倍) = 20[dB]$$

$$10^{\frac{20dB}{20}} = 10倍$$

電力的情況

$$10 \log_{10}(10倍) = 10[dB]$$

$$10^{\frac{10dB}{10}} = 10倍$$

試著練習使用工程計算機的 $\log$ $y^x$ 按鍵吧

討論電壓時，20[dB]＝10倍與40[dB]＝100倍為代表性的數值，請一定要牢記這些數值。

## 半數圖與分貝

**半數圖**與dB一樣常見於電力、電子、資訊等領域。半數圖的橫軸為對數尺度，每一個刻度差10倍，故可表示1[GHz]（1000000000[Hz]）如此大的數值。

半數圖的縱軸為dB，橫軸為對數頻率，故我們可以用半數圖來表示一個放大器可以放大哪些頻率的波，又分別能放大多少幅度（若您對這些主題有興趣，可參考以「控制工程」、「波德圖」為關鍵字的教科書，深入研究這些主題）。

一般的圖與半數圖

一般的圖

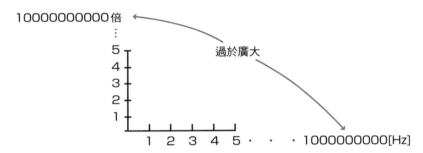

半數圖

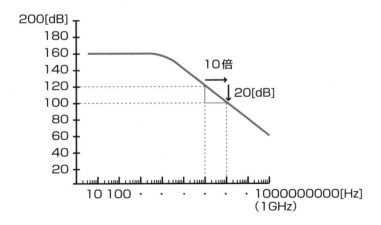

# 2-3 由電晶體的特性圖看出「放大」幅度

**Point**

讓我們試著由2個特性圖說明「放大」的概念吧。重點在於座標軸的名稱與單位。

## 電晶體的輸入特性、輸出特性、電流放大率

第1章中說明電晶體時曾提過這些內容，這裡就當做複習吧。電晶體的重要特性包括輸入特性（$V_{BE}$-$I_B$特性）與輸出特性（$V_{CE}$-$I_C$特性）。

下圖為典型的特性圖。以左圖為例，若在$V_{BE}$施加0.6[V]的電壓，會產生約20[μA]的電流$I_B$。再看右圖，當$I_B$為20[μA]，並於$V_{CE}$施加6[V]電壓時，可產生約1[mA]的電流$I_C$。

因此，我們可以知道電流放大率為$I_C/I_B$＝1[mA]/0.02[mA]＝50倍。

**由特性圖看出電流放大率**

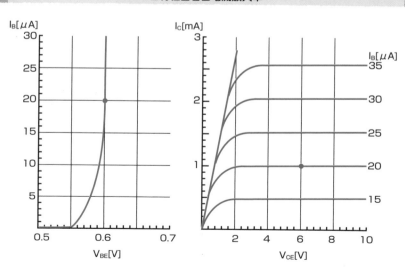

$I_B=20[\mu A]$　↓ $I_C=1[mA]$

B

$V_{BE}=0.6[V]$

$$\frac{I_C}{I_B}=\frac{1[mA]}{0.02[mA]}=50倍$$

## 訊號指的是變化 –關於電壓放大率–

讓我們再看一次特性圖。訊號指的是電壓的變化，若在輸入特性圖中，使$V_{BE}$在10[mV]的範圍內變化，那麼$I_B$會在15[μA]到25[μA]的範圍內變化。

**輸入特性與訊號**

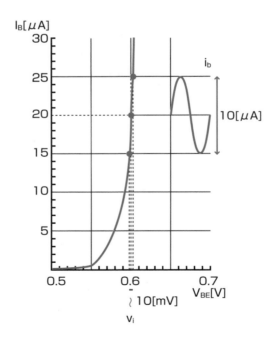

接著把這個變化代入輸出特性圖中，會讓Ic產生0.5[mA]到1.5[mA]的變化。因此，VCE會產生4[V]的變化。

**輸出特性與訊號**

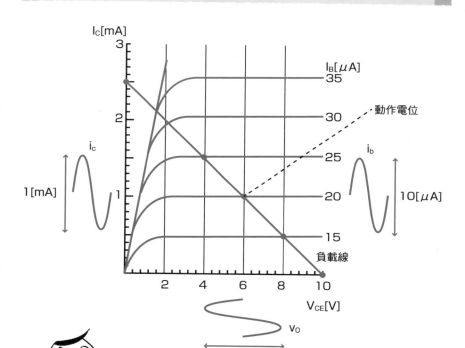

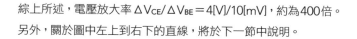

訊號指的是
電壓的變化。

綜上所述，電壓放大率 ΔVCE/ΔVBE＝4[V]/10[mV]，約為400倍。

另外，關於圖中左上到右下的直線，將於下一節中說明。

# 「放大」的前置準備
## …做為幕後英雄的「偏壓電路」

**Point**
　　那麼，前面提到的輸入特性與輸出特性，$V_{BE}$與$V_{CE}$又是如何決定的呢？先讓我們記住負載線、動作電位以及4種偏壓電路吧。

## 偏壓與動作電位

　　所謂的**偏壓**，指的是電晶體接收到訊號之前，「為了放大訊號」而預先施加的**直流電壓**。如果「放大」是明星球員的話，「偏壓」就是在它背後的支援團隊。具體而言，需準備下圖中的$V_{BB}$與$V_{CC}$。

**電晶體電路與偏壓**

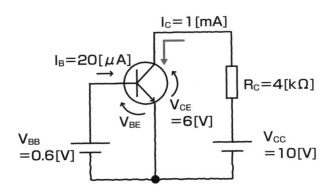

　　讓我們再看一次前面的特性圖。接上$V_{BB}=0.6[V]$的電池，便可實現$V_{BE}=0.6[V]$。而這個$V_{BE}=0.6[V]$就被稱為**動作電位**。

---

 施加偏壓：一般來說，「偏」指的是某個數值或現象偏離常態的意思。而電子電路的偏壓，則是為了改變訊號而施加的基準電壓，請記住這個概念。

**輸入特性與動作電位**

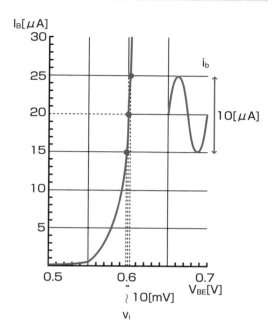

而$V_{CE}$＝6[V]，則可將克希荷夫定律套用在電路圖輸出側後求出。

$$I_C = -\frac{1}{R_C}V_{CE} + \frac{V_{CC}}{R_C}$$

這個數學式所代表的直線，斜率為$-1/R_C$，截距為$V_{CC}/R_C$。此直線被稱為**負載線**，而改變$R_C$大小時，斜率也會跟著改變。

以左頁的圖為例，假設$V_{CC}$＝10[V]、$R_C$＝4[kΩ]。當$I_C$＝0[A]時，$V_{CE}$＝10[V]；當$V_{CE}$＝0[V]時，$I_C$＝2.5[mA]，連接這2個點後，便可得到負載線（次頁圖）。

接著，求出這條負載線與之前設定的$I_B$＝20[μA]的交點，可以得到$V_{CE}$＝6[V]。而這個$I_B$＝20[μA]、$V_{CE}$＝6[V]交點，便被稱為**動作電位**。

## 輸出特性與動作電位

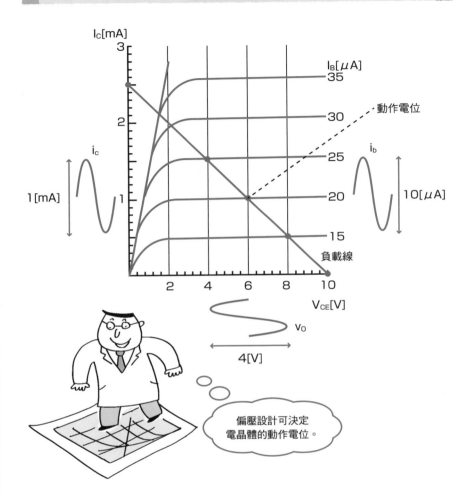

像這樣透過電池等直流電源，決定電晶體動作電位的設計，被稱為**偏壓設計**。第3章中介紹的檢定教科書會提到與這個概念有關的內容，推薦各位參考閱讀。

## 各種偏壓電路

教科書中首次出現的偏壓電路會用到2個電源，被稱為**雙電源偏壓**，如下圖所示。除了雙電源設計之外，還可以減少1個電源，得到**固定偏壓**、**自我偏壓**，以及一般常用的**電流回授偏壓**等設計。

如果偏壓不穩，那麼動作電位也會跟著變動，沒辦法得到穩定的放大訊號。偏壓的穩定度計算有另一套方法，不過這個部分就交給其他教科書說明，本書將專注於介紹偏壓電路的形狀與名稱。

**各種偏壓電路**

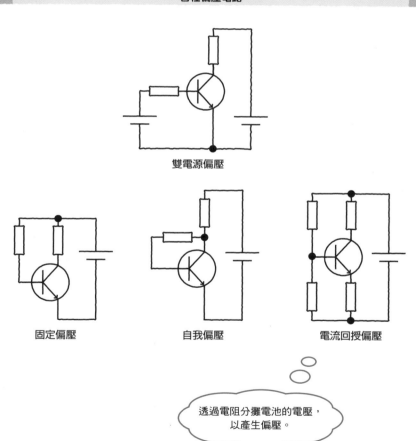

雙電源偏壓

固定偏壓　　　　　　　　自我偏壓　　　　　　　電流回授偏壓

透過電阻分攤電池的電壓，
以產生偏壓。

第 ❷ 章　類比電子電路的功能

# 2-5 誰「放大」了什麼？
## …輸入輸出阻抗

 **Point**

要「放大」訊號，就必須將訊號輸入電路再輸出。電路的入口與出口，電流進出的難度並不相同。讓我們一邊思考「放大電路需怎麼連接？」這個問題，一邊試著理解輸入輸出阻抗的概念吧。

## 輸入阻抗過小會造成很大的問題

想像訊號源接有1個電阻。接收訊號源的電路入口，也接有1個電阻，被稱為**輸入阻抗**。

如果輸入阻抗$Z_2$遠比訊號源電阻$Z_1$小的話，會怎麼樣呢？這樣的話，訊號就無法傳遞至電路內。因此，電路的輸入阻抗$Z_2$愈大愈好！

## 輸出阻抗過大會造成很大的問題

要輸出「放大」後的訊號，需要LED、馬達等「負載」。想像放大電路的出口接有1個電阻，被稱為**輸出阻抗**。這個負載$Z_2$與輸出阻抗$Z_1$之間的平衡也相當重要。

如果$Z_1$遠比$Z_2$大的話，會怎麼樣呢？這樣的話，訊號會無法輸出。因此，輸出阻抗$Z_1$愈小愈好！

▼**輸入輸出阻抗共通的關係式**

$$v_o = \frac{Z_2}{Z_1+Z_2} v_i$$

**輸入阻抗的影響**

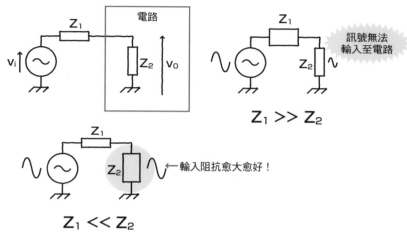

$Z_1 >> Z_2$

訊號無法輸入至電路

←輸入阻抗愈大愈好！

$Z_1 << Z_2$

**輸出阻抗的影響**

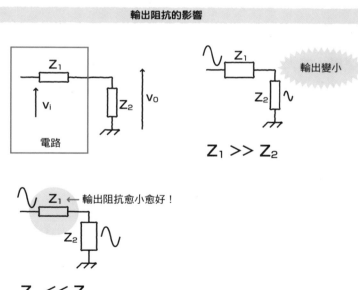

$Z_1 >> Z_2$

輸出變小

←輸出阻抗愈小愈好！

$Z_1 << Z_2$

## 了解「放大」是什麼，卻不了解「輸入輸出阻抗」是什麼

　　在電子電路的課堂上，如果有學生這麼說：「我終於知道為什麼電晶體能放大訊號了！」會讓我相當開心。如果學生接著又說：「輸入輸出阻抗很重要對吧！」像這類的話，我就更高興了。

　　用電晶體可以放大各種訊號，這點不難理解，但是阻抗……之類的東西，和放大有什麼關係呢？大部分的學生都像這樣，沒有真正理解到阻抗的重要性。慚愧的是，筆者（石川）自己也是到了唸碩士的時候（23歲左右），才了解到阻抗的重要性。

　　之所以了解到這件事，是因為以前有一次我想將輸入電路與目標電路連接起來時，卻發現訊號傳不過去，這時指導教授就對我說：「加上緩衝電路不就好了嗎？」

　　這時候幫我解決問題的是「讓輸入阻抗變大，輸出阻抗變小」的緩衝電路。當我把緩衝電路放入輸入電路與目標電路之間時，電路就開始正常運作了。從此刻起，筆者才認知到輸入輸出阻抗的重要性。在2-5節已有詳細說明這點，若能確實理解這些內容的話，那就太棒了。

# 2-6 電晶體「開關作用」與數位電路之間的關係

**Point**

　　對電晶體這個元件的基極—射極間施加一定電壓（$V_{BE}$），就會產生電流（$I_C$）。若能理解這個原理，就能理解開關現象，這是數位電路的入門。

## 理想的電晶體

　　為電晶體施加輸入電壓後，會產生電流，相當於使開關轉為ON的狀態。利用這點，我們可以將訊號轉變成5[V]（1）或0[V]（0），也就是數位形式。這被稱為電晶體的**開關作用**。

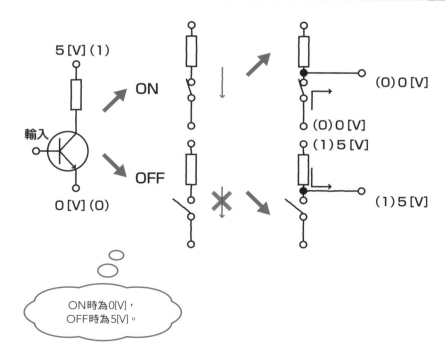

電晶體與開關的關係

ON時為0[V]，
OFF時為5[V]。

## 現實的電晶體

前面雖然有提到電晶體就像開關一樣，但事情並沒有那麼簡單。當電晶體為ON時，其實還是有少許電阻，所以會發生電壓降的現象。因此當電晶體為ON時，數位數值的0可能不會是0[V]，請先記住這點。

**實際上的電晶體開關**

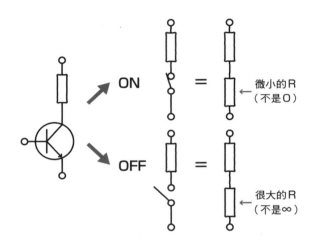

**ON** = 微小的R（不是0）

**OFF** = 很大的R（不是∞）

「電晶體」不等於「理想開關」。

Column

## 筆者（石川）的電子電路經歷
## 為什麼類比電路與數位電路2種都要學？

　　本書介紹了類比電路與數位電路兩者的基礎。在筆者就讀工業高中時，第一次接觸到電子電路，於是自然而然地把「電子電路」當成未來找工作的方向。大學時，畢業研究是設計簡易CPU的FPGA，研究所時曾參與LSI設計環境建構，研究類比濾波器、可變邏輯電路等。現在回想起來，我總是在類比、數位2個領域之間來來去去。

　　在我年輕的時候，好奇心相當旺盛，不會特別注意研究主題是類比還是數位，總之每個主題都想研究看看。我不分日夜勤跑研究室，與教授們討論各種主題。或許就是這段期間，奠定了現在的我所需要的基礎。

　　近年來，我看到不少學生很早就決定「我要做類比電路」或「我要做數位電路」。確實，早早就決定自己想做什麼並不是壞事，但要在這個世界上奮鬥，最好也要趁年輕的時候累積各種經驗。如果讀者看過本書後，能對整個電子電路領域產生興趣，不再限制自己只關注類比電路，或者只關注數位電路，而是能開拓自身的視野，那就太棒了。

# Point

## 第2章真正想談的事

　　第2章介紹了放大作用與相關內容。看到做為幕後英雄的偏壓電路，您是否有以下疑問呢？

**問題：我知道偏壓電路很重要，那偏壓的穩定又是什麼意思呢？**

**回答：** 假設有某些原因，使集極電流增加。那麼經過下圖①～⑤的過程後，可降低集極電流。這就是偏壓的穩定。
　　　偏壓電路結構不同時，穩定度也不一樣。一般的教科書中，會用許多數學式說明這點；而第3章介紹的檢定教科書中，會用淺顯易懂的方式說明這個部分，請您一定要閱讀看看。

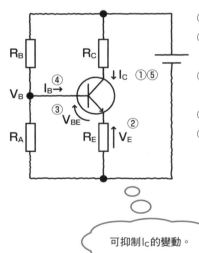

①溫度上升使$I_C$增加

②通過$R_E$的電流也受到①的影響而增加，使$V_E$上升

③$V_B$由$R_A$、$R_B$（分壓電阻）決定，為固定值，且$V_{BE}=V_B-V_E$，由②可以知道$V_{BE}$會下降

④$V_{BE}$下降後，因為輸入特性使$I_B$跟著下降

⑤$I_B$下降後，使$I_C$跟著下降。

可抑制$I_C$的變動。

第 **3** 章

# 大學、五專、高職
# 學到的電子電路
## 專業書籍的閱讀方式

　　本章將以第2章的內容為基礎，說明「學校」怎麼教電子電路。只要稍微改變電晶體加上電阻的位置，整個電路的特徵就會隨之改變。這裡我們可學到3種基本電路。學習本章時，可了解到電子電路學習的重點，以及自學的訣竅，以應用於未來的職場。

# 高職檢定教科書與市售的教科書
## …讓自己喜歡上電子電路的閱讀方式

**Point**

在日本，對國中剛畢業的人來說，《工業高校檢定教科書》是學習電子電路時最好的書籍。市販教科書若能與之併用，效果倍增。讓我們透過這些書籍深入學習，掌握電子電路的訣竅吧。

※此節內容皆為日本的情況，請自行斟酌參考。

## 工業高校檢定教科書

市面上有許多與電子電路有關的書籍，也有許多相關書籍在一般書店中找不到，**檢定教科書**就是其中之一。日本的檢定教科書是經過日本文部科學省檢定後核可的教科書，供工業高中等使用。

該教科書的特徵為，內容淺顯易懂，只要有國中畢業程度的知識，就讀得懂內容。內容如右頁所示，範圍相當廣。

書中有許多列出具體數值計算的例子。一般教科書會跳過的計算過程，在檢定教科書中會詳實列出。

**Column**

### 購買檢定教科書

為了讓教科書順利送到兒童、學生手上，相關單位設立了全國教科書供應協會。幾乎所有都道府縣都有教科書與一般書籍的供應公司，並由末端的教科書書店提供教科書給學校。

工業高中檢定教科書就是透過這種形式流通。雖然內容相當優秀，卻無法在一般書店中看到。若想購買檢定教科書，請洽附近的教科書書店。

讀完本書後，建議可以再看看檢定教科書，讓腦中的電子電路知識更加完整。

　　下方目次中有套底色的部分，是本書沒有說明的部分。未套底色的部分就像樹的「主幹」，套底色的部分就像「枝葉」。這樣想的話，會不會覺得該研讀的分量變少了，開始有研讀的動力了呢？

**電子電路檢定教科書的目次範例**

**實教出版《電子電路 新訂版》目次**

**第1章　電子電路元件**

　　[1]半導體 [2]二極體 [3]電晶體 [4]FET與其他半導體元件 [5]積體電路

**第2章　放大電路的基礎**

　　[1]什麼是放大 [2]電晶體放大電路的基礎 [3]電晶體的偏壓電路 [4]電晶體的小訊號放大電路 [5]電晶體小訊號放大電路的設計 [6]FET的小訊號放大電路

**第3章　各種放大電路**

　　[1]負回授放大電路 [2]差動放大電路與運算放大器 [3]電力放大電路 [4]高頻放大電路

**第4章　振盪電路**

　　[1]振盪電路的基礎 [2]LC振盪電路 [3]CR振盪電路 [4]水晶振盪電路 [5]VCO與PLL振盪電路

**第5章　調變電路、解調電路**

　　[1]調變、解調電路的基礎 [2]振幅調變、解調 [3]頻率調變、解調 [4]其他調變方式

**第6章　脈衝電路**

　　[1]脈衝波的波形與回應 [2]複振器 [3]波形整形電路

**第7章　電源電路**

　　[1]控制型電源電路 [2]開關電源電路

第**3**章　大學、五專、高職學到的電子電路

本書第5章會提到數位電路。做為入門，有本檢定教科書相當適合做為參考，稱做《硬體技術》。一般提到數位電路的教科書，書名中通常含有「邏輯電路」、「數位電路」等字眼。

不過《硬體技術》中，談電腦與通訊機制的內容，比談邏輯電路的內容還要多。與其說是在說明邏輯電路，不如說是在說明電腦內部的運作方式。

## 注意這些事項，就能喜歡上電子電路

事實上，初學者應該會覺得檢定教科書的內容很困難。不過在讀過本書，打好「主幹」的基礎，大致了解每個項目的內容後，閱讀檢定教科書時想必也會順利許多。

下方所列的是為了讓你喜歡上電子電路的「5個問題」。一般的電子電路教科書中，會依照半導體、二極體、電晶體、放大的原理與計算、運算放大器的順序，說明相關內容，掌握這個順序是相當重要的事。

**問題1** 試說明本質半導體與雜質半導體的差異。

**問題2** 試說明pn接合、順向電壓、逆向電壓等名詞。

**問題3** 試說明雙極性電晶體與MOS電晶體的結構。

**問題4** 試以共射極電路為例，說明放大作用。

**問題5** 試說明「以運算放大器建構的反相放大電路」。

若能回答出上述所有問題的答案，就可以算是跨出了電子電路的第一步。首先，請您多閱讀本書幾次，試著找出這些問題的答案吧（答案刊載於第4章末）。

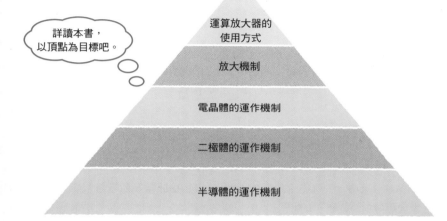

一般電子電路教科書教的內容

詳讀本書，以頂點為目標吧。

運算放大器的使用方式

放大機制

電晶體的運作機制

二極體的運作機制

半導體的運作機制

**Column**

## 筆者（石川）在高職學到的東西，在大學與五專學到的東西

筆者（石川）在念工業高職時，曾用檢定教科書學習電力電路與電子電路。我認為，高職的電子電路與大學課程的差別在於「是否牽扯到複雜的數學（譬如微分方程式等）」。以筆者來說，加入 $j\omega$ 的概念，連結到微積分之後，讓我對相關學問的理解如爆發性成長。在我經歷過工業高職、大學、五專這個學習電子電路的主流過程（以學生或教員的身分）後，我會推薦用檢定教科書來學習相關知識，因為「檢定教科書讓我不再討厭電子電路」，讓我十分感謝檢定教科書。數學確實相當重要。但如果讓人產生「好難！」的感覺的話，要消除這種感覺便會是個相當困難的任務。雖然要買到檢定教科書並不容易，但我仍建議您想辦法弄到一本工業高中檢定教科書。

# 3-2 電晶體變身成了方便使用的形式

…了解4種等效電路

🔑 **Point**

以下我們將透過電力電路的知識，畫出電晶體的等效電路。不同的專業書籍，可能會畫出不同的等效電路。當你看到不同的等效電路時也不要被嚇到，而是要試著掌握其整體樣貌。

## 小訊號等效電路與電力電路的知識

電晶體的特徵就是「放大」。所謂的**放大**，指的是將小訊號轉變成大訊號。不過，電晶體為非線性元件，較難描述其行為，所以「改用**小訊號等效電路**＊來表示其行為」這點就變得相當重要。事實上，不同的專業書籍中，提到的等效電路也不一樣。等效電路是為了方便我們筆算而發明的東西，在電腦模擬技術發展出來以前，人們開發出了許多等效電路。

放大指的是將較小的訊號轉變成較大的訊號。

---

非線性：一般來說，當變數間存在y＝ax這種正比關係時，稱兩變數為線性關係；而像y＝ax²這種高次函數關係，就被稱為**非線性**關係。非線性關係以二極體、電晶體的V-I特性為例，需用曲線才能描述其關係，這些關係的特徵相當複雜。

熟悉前章介紹的h參數後，讓我們來看看其他表現方式吧！本書會用檢定教科書中使用的h參數來說明電路。

## 各種電晶體等效電路

以下將介紹專業書籍中常見的4種等效電路。其中3個是雙極性電晶體的等效電路，最後1個是MOS電晶體的等效電路。

**h參數** ：以數學方式描述「輸入電流上升時，可獲得較大的輸出電流」此一現象的等效電路。

**T型** ：描述「由2個二極體構成的雙極性電晶體」的等效電路。

**π型** ：與目前主流的MOS電晶體的等效電路形式類似。

**MOS** ：可表示「以電壓控制輸出電流」這種MOS電晶體行為的等效電路。

一次丟出4種電路看似容易搞混，但不用擔心。再怎麼說，這也只是將電晶體置換成等效電路而已，而且這些等效電路可以彼此互換。總之，請您透過本書認識各種等效電路，熟悉h參數的使用。

第 ❸ 章 大學、五專、高職學到的電子電路

---

### 補充

我們周圍的電子電路，多是以MOS電晶體組成。既然如此，雙極性電晶體是否也轉換成 π 型等效電路來思考會比較好呢？然而就現狀而言，包括日本檢定教科書在內，以h參數說明電路的書遠比其他書籍還要多。在書店一邊思考「該轉換成哪種等效電路呢？」，一邊挑選電子電路的書籍，或許也是件有趣的事。

---

＊ **小訊號等效電路** 電晶體線性近似範圍內的**等效電路**，在本書簡稱為等效電路。

## 電晶體的4種等效電路

等效電路

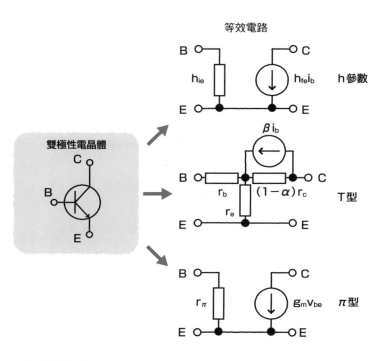

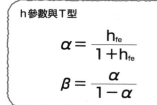

h參數與T型

$$\alpha = \frac{h_{fe}}{1+h_{fe}}$$

$$\beta = \frac{\alpha}{1-\alpha}$$

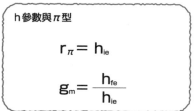

h參數與π型

$$r_\pi = h_{ie}$$

$$g_m = \frac{h_{fe}}{h_{ie}}$$

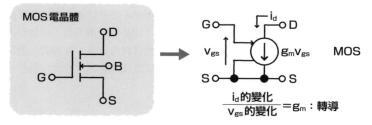

MOS電晶體

$$\frac{i_d 的變化}{v_{gs} 的變化} = g_m : 轉導$$

## 3-3 最流行的放大電路
### …共射極電路

　　若能熟悉共射極電路，就相當於突破了一個很大的障礙，這樣就能算是「知道怎麼建構放大電路」了。

### 共射極電路的特徵

共射極的特徵如下所示。

> 電壓放大率大，電流放大率大，輸入輸出反相。

#### ●記住電路圖與等效電路

　　共射極電路的**電路圖**如次頁左圖所示。不曉得你有沒有注意到「這和第2章出現的電路不是一樣嗎？」。事實上，前面已經說明過這個電路的運作原理了。這裡讓我們試著記住這個電路的特徵吧。

　　從圖中可以看到射極端接地。**等效電路**如右圖所示，而次頁也列出了計算電壓放大率 $A_V$ 與電流放大率 $A_i$ 的公式。輸入與輸出訊號為反相，是這種電路的特徵。

> 輸入：基極、輸出：集極、接地：射極。

---

**補充**

> 　　描繪等效電路的重點，在於讓直流電源短路。請注意 $R_L$ 被移到了下方，與下方電路相連。

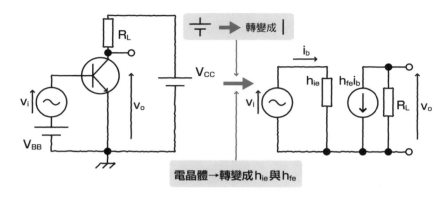

**共射極電路**

$$A_V = -\frac{h_{fe}}{h_{ie}} R_L \qquad A_i = -h_{fe}$$

反相

反相

輸入 → 輸出

### 請一口氣讀完3-3節到3-5節

　　接下來的3節內容，在一般的專業書籍中會被切成數個部分，分散在各章節中。就筆者的經驗而言，讀過一般書籍後，腦中只會剩下共射極電路，就算有人要我「畫出其他2種共用電極電路」，我也想不起來另外2種共用電極電路長什麼樣子。共射極電路帶來的衝擊性就是那麼強烈。

　　為了方便讀者翻頁、前後對照，本書將這3節各別濃縮成2頁，簡單描述這3種共用電極電路。

　　在你讀完本書或其他書籍的時候，如果被問到「共用電極電路有什麼特徵？」時，請回想起這3節內容。

# 3-4 輸出不會反轉的放大電路
## …共基極電路

> ## Point
> 　　看完共射極電路後，請接著學習另外2種共用電極電路。首先來看看共基極電路。

## 共基極電路的特徵

**共基極電路**的特徵如下。

> 電壓放大率大、電流放大率為1倍，輸入輸出為同相。

### ● 記住電路圖與等效電路

　　電路圖如次頁左圖所示。請您確認輸入、輸出、接地的位置。運用共射極與h參數，可畫出**等效電路**如右圖。電壓放大率相當大，輸入與輸出同相（沒有反轉），為共基極電路的特徵，請牢牢記住。

> 輸入：射極、輸出：集極、接地：基極。

　　請注意共基極與共射極的差異。以電流放大率而言，如圖中數學式所示，共基極 $A_i$ 的分母、分子都有 $h_{fe}$，當 $h_{fe}$ 遠大於1時，應該不難想像 $A_i$ 大約會等於1倍。另外，共基極的輸入與輸出訊號波形不會反過來，被稱為**同相**。共射極那樣波形反轉過來的情況，被稱為反相。

---

**用語解說** 同相、反相：若2個波可以重疊，被稱為同相；若一個波是另一個波反轉後的結果，則稱為反相。這是由第1章中提到的「相位」超前或滯後所造成的現象。

**共基極電路**

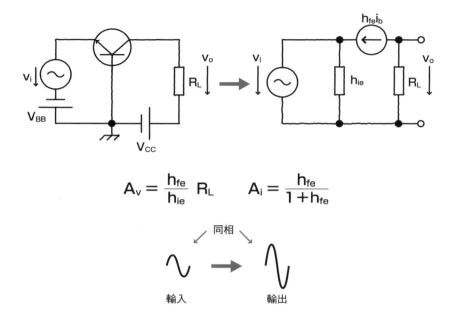

$$A_v = \frac{h_{fe}}{h_{ie}} R_L \qquad A_i = \frac{h_{fe}}{1+h_{fe}}$$

同相

輸入 → 輸出

### 接地（共用電極）是什麼意思？

　　**接地**是什麼意思呢？電路中會有一個做為基準的電壓。一般來說，會以電池負極作為基準。

　　也就是說，**Gound**（**GND**）、**Earth**就表示是以0[V]作為電壓基準。共射極、共基極也能用同樣的方式來理解。

　　不過，3-5節的共集極電路中，集極端子與電池正極相接。由等效電路可以看出，這相當於將直流電源短路處理。總之，做為基準的電壓，可以是電池正極，也可以是負極。

　　順帶一提，「接地」也可以被稱為「共用」。射極接地電路也被稱為**共射極電路**，英文是common emitter circuit，不同的書籍可能會用不同的稱呼，請不要搞混了。

# 電壓放大率為1倍？
# 這樣也算放大電路嗎？
## …共集極電路

**Point**

雙極性電晶體的第3個（最後1個）共用電極電路。電壓放大率為1倍，是這個電路的特徵。

## 共集極電路的特徵

以下為**共集極電路**的特徵。

> 電壓放大率為1倍，電流放大率大，輸入輸出為同相。

為什麼需要放大1倍的電路呢？這個電路中，輸入阻抗較大，輸出阻抗較小，因此可以做為緩衝電路使用，降低前段與後段電路間的影響。

### ● 記住電路圖與等效電路

電路圖如次頁左圖所示。同樣的，請您確認輸入、輸出、接地位置（參考前頁Column內容）。前面2個電路中，集極加了電阻後輸出。不過，這裡的集極必須要接地，所以電阻得要加在射極上。

用共射極的h參數描繪等效電路，可得到右圖。與共基極電路一樣，輸入與輸出為同相，這也是共集極電路的特徵，請務必牢記。另外，這個電路還有個別名，稱做**射極隨動器**（emitter follower）。

> 輸入：基極、輸出：射極、接地：集極。

**共集極電路**

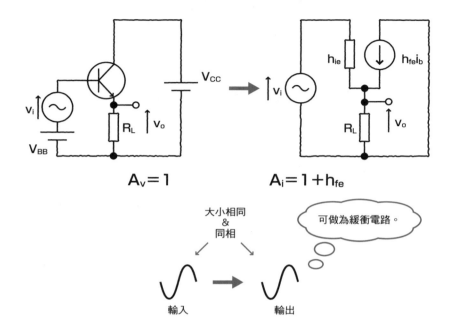

$$A_v = 1 \qquad A_i = 1 + h_{fe}$$

大小相同
&
同相

可做為緩衝電路。

輸入 → 輸出

---

**Column**

### 複習3種接地電路的特徵！

讓我們複習一下3種接地電路的特徵吧。

- **共射極電路**

  電壓放大率大、電流放大率大、輸入輸出為反相。

  輸入：基極、輸出：集極、接地：射極。

- **共基極電路**

  電壓放大率大、電流放大率為1倍、輸入輸出為同相。

  輸入：射極、輸出：集極、接地：基極。

- **共集極電路**

  電壓放大率為1倍、電流放大率大、輸入輸出為同相。

  輸入：基極、輸出：射極、接地：集極。

# 3-6 目前的主流元件
## …MOS電晶體的基礎

**Point**

　　雙極性電晶體是相當重要的元件。不過近年來的電子機器中，使用的是MOS電晶體。讓我們來看看MOS電晶體有什麼特徵吧。

### MOS電晶體的結構與電路符號

　　MOS電晶體的製造過程與結構如次頁圖所示。製造過程與相片的顯影過程有些類似。

　　其結構由M（Metal）、O（Oxide）、S（Semiconductor）構成，故被稱為**MOS電晶體**。若電晶體的左右端子為n型半導體，則被稱為**NMOS**；若為p型半導體，則被稱為**PMOS**。兩者電路符號如次頁圖所示。

　　電路符號中，B（基底）端子的箭頭方向，表示p型半導體往n型半導體的方向。其他端子分別為**閘極（G）**、**汲極（D）**、**源極（S）**，分別對應到雙極性電晶體的基極、集極、射極，請牢記這些名稱。

　　MOS電晶體還有個B（**基底**）端子（參考第99頁的Column）。一般而言，這個端子會與S（源極）相連。

來看看MOS電晶體的製作過程吧。

## MOS電晶體的製造過程與結構

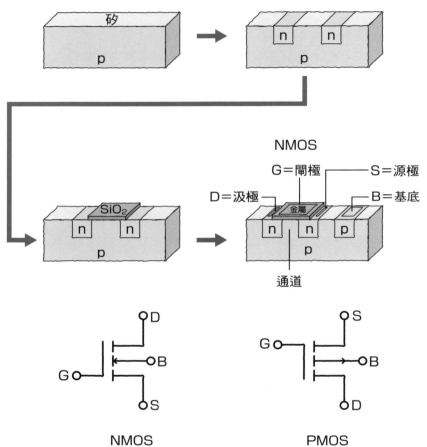

NMOS

D＝汲極　G＝閘極　S＝源極　B＝基底

金屬

通道

NMOS

PMOS

MOS

> **補充**
>
> 　　圖中的通道相當重要，對閘極施加電壓後，電流可從汲極端流向源極端，中間的「橋梁」就是「通道」。這種通道可分成早期就有的**增強型通道**，以及未於本書圖中出現的**空乏型通道**，請記住這些名詞。

**Column**

# MOS電晶體是3個端子的元件？　還是4個端子的元件？

　　一般而言，電晶體是有3個端子的元件。雙極性電晶體有基極、射極、集極；MOS電晶體有閘極、源極、汲極。不過，就像3-6節中的圖一樣，MOS電晶體還有個**基底**端子。基底也稱做**基板**。之所以要有這個端子，是為了防止矽基板與汲極／源極的pn接合處出現搖擺情況。順帶一提，基板（substrate）的首字母為S，因為與源極（source）重複，所以基板以B做為簡稱。

　　所以說，MOS電晶體需要第4個端子——基板。若您想了解詳情，請參考與「半導體工程」有關的書，學習pn接合機制。如果能試著閱讀更多與製造過程相關的說明，進一步了解詳細的製造方法，那就更棒了。關鍵字包括微影、熱氧化、CVD、濺鍍、注入離子、蝕刻等，歡迎您深入了解相關知識。

## MOS電晶體的輸入特性與輸出特性

與雙極性電晶體類似,MOS電晶體的輸入特性($V_{GS}$-$I_D$)與輸出特性($V_{DS}$-$I_D$)也相當重要。請注意2種電晶體的相異之處。以雙極性電晶體而言,輸入特性的縱軸為電流$I_B$。這種由電流控制輸出的方式,被稱為**電流控制型**。

另一方面,以MOS電晶體而言,閘極與其他端子絕緣,故電流幾乎不會通過。也就是說,電壓$V_{GS}$可直接控制輸出電流$I_D$,由下圖可看出其機制。因此,MOS電晶體又稱做**電壓控制型**。

**MOS電晶體的特性**

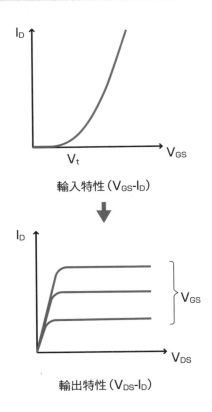

輸入特性($V_{GS}$-$I_D$)

輸出特性($V_{DS}$-$I_D$)

# MOS電晶體使用的基本電路
## …共源極電路

> **Point**
>
> 　　與前面說明雙極性電晶體的時候一樣，讓我們引入等效電路的概念，計算放大率吧。

## MOS電晶體的等效電路

　　MOS電晶體的基礎如下方公式。這個公式也稱做**平方規則**。當$V_{GS}$超過一定電壓$V_t$後，會產生電流$I_D$，在前一節的輸入特性中已討論過這點。

　　若以電力電路的知識描述這種現象，則可得到下圖的等效電路。等效電路當中的電源 ↓ 被稱為**電壓控制電源**，這個符號表示由電壓調整電流的元件。

### MOS電晶體的等效電路

固定值

$$I_D = \frac{\mu C_{OX}}{2} \frac{W}{L} (V_{GS} - V_t)^2$$

$$g_m = \frac{\Delta I_D}{\Delta V_{GS}}$$

不同於雙極性電晶體，MOS電晶體的電流大小，可由閘極寬（W）與閘極長（L）控制。因此，MOS電晶體的設計，就算說成是決定各個電晶體的W與L大小也不為過。

## 共源極電路

MOS電晶體的**共源極電路**，相當於雙極性電晶體的共射極電路。特徵為電壓放大率大，輸入與輸出為反相。與學習雙極性電晶體時一樣，如果您能進一步熟悉MOS電晶體的共閘極電路、共汲極電路，那就太棒了。

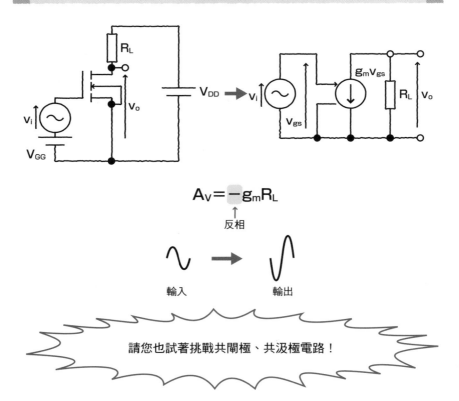

共源極電路

$$A_V = -g_m R_L$$

↑ 反相

輸入 ➔ 輸出

請您也試著挑戰共閘極、共汲極電路！

# 3-8 大型積體電路（LSI）
## …差動放大電路與電流鏡電路

### Point

接著讓我們來看看將大量電晶體塞入IC或LSI*內所使用的技術吧。

### 積體電路是什麼

**積體電路**是使用大量電晶體的電路。我們前面學到的各種電晶體單體，以及電力電路中學到的被動元件，皆屬於**離散元件**（discrete component）。將這些元件聚集在一起後，則成為所謂的**IC**，外型就像有許多腳的蜈蚣一樣。在此當中超過一定規模的IC，則被稱為**大型積體電路（LSI）**。

IC／LSI中，包含了許多先前學過的3種共用電極電路。這裡讓我們再多介紹2個積體電路中常用的電路——差動放大電路、電流鏡電路。

---

\* **LSI**　Large Scale Integration的縮寫。

**用語解說**　LSI：IC中電晶體或二極體的數量不同時，會有不同名稱。LSI是元件數在約$10^3 \sim 10^5$（10萬）的IC，VLSI約為$10^5 \sim 10^7$個元件，而ULSI則是$10^7$個元件以上的IC。V為very的首字母，U為ultra的首字母。不過，近年來這幾種IC的界線愈來愈模糊，經常統稱為IC或LSI。

## 從電晶體、IC（積體電路）到LSI（大型積體電路）

電晶體

IC（積體電路）

LSI（大型積體電路）

LSI內部是由許多電晶體、電阻、電容、電感聚集而成，塞滿了許多高功能電路。

# 差動放大電路

　　請參考下圖的電路，這個電路使用了2個MOS電晶體。電路有2個輸入、2個輸出，乍看之下有些複雜，不過如果只看單邊，可以看出這是個共源極電路。

　　那麼，為什麼電路要設計成這個樣子呢？在這種電路下，若2個輸入訊號為反相，則會大幅放大；若2個輸入訊號為同相，則會歸零。這在積體電路中是相當重要的電路。

　　這2個輸入端子相當靠近，若2個端子輸入相同雜訊，便可完美清除雜訊。訊號一般是由人類輸入，如果我們刻意反轉訊號，分別輸入至2個輸入端，便可獲得受雜訊影響較小的輸出。

**雜訊較小的差動放大電路**

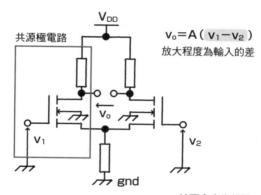

$$v_0 = A(v_1 - v_2)$$
放大程度為輸入的差

共源極電路　$V_{DD}$　$v_1$　$V_0$　$v_2$　gnd

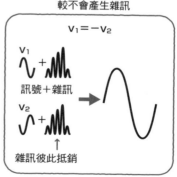

較不會產生雜訊

$v_1 = v_2$

$v_1 = v_2$　$v_0$

$v_1 = -v_2$

$v_1$　訊號＋雜訊
$v_2$　雜訊彼此抵銷

## 電流鏡電路

**電流鏡電路**與差動放大電路並列為積體電路中的重要電路。電流鏡電路的英文為current mirror，即電流與鏡的電路。改變左側與右側之MOS電晶體的W/L比例，便可自由複製電流。

此外，前面提到的差動放大電路的電阻部分，可以置換成電流鏡電路。這種電路在積體電路中也相當常見，請牢牢記住這種電路。

**可以複製電流的電流鏡電路**

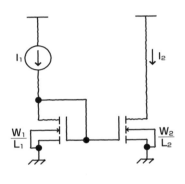

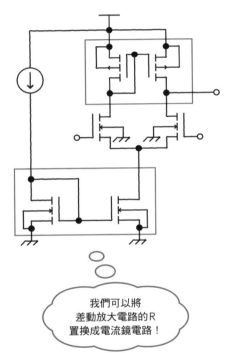

$L_2 = L_1$

$W_2 = 2W_1$

也就是說，當W成為2倍後

$I_2 = 2I_1$

會產生2倍電流$I_2$！

我們可以將
差動放大電路的R
置換成電流鏡電路！

# 3-9 以「高性能」為目標
### …類比電路設計的抵換關係

🔑 **Point**

　　優秀的電路會是什麼樣子的電路呢？讓我們試著想想看如何建構出高性能的電路吧。

## 高性能是什麼

　　怎樣的電流才是**高性能**的電流呢？

　　電源電壓小、消耗電流小、反應快、可以承受高電壓的訊號……。這些特性中，若有其中1個特性表現良好，就會有其他特性表現較差。換言之，這些特性有所謂的**抵換**關係。

**類比設計八邊形***

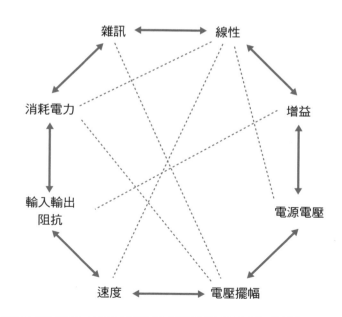

---

***類比設計八邊形**　出處：《類比CMOS積體電路設計 演習篇》黑田忠広編著，丸善。（書名暫譯）

　　類比電路技術人員會在考慮這些抵換關係的情況下，持續研究消耗電力低、高速、高效率運作的電路。

## 超節能時代的來臨

　　過去的電路都是在±20[V]以內的電壓下運作。我們現在使用的智慧型手機，電池也只有數[V]左右而已。由P（電能）＝E（電壓）·I（電流）的公式可以知道，若要減少電池電量的消耗，需使用較少的電流，或者在較小的電壓下運作。

　　太陽能發電、風力發電等再生能源，是這個節能年代下必須存在的發電方式。為了實現「僅用1顆電池（1.5[V]）就能驅動的智慧型手機」，研究人員正積極改善或開發新的電子電路。請您將這些超節能年代下必定會用到的技術，留在腦中的一隅。

---

**Column**

### 與電子電路有關的五專、大學的畢業研究包括哪些？

　　在日本，大學四年級（22歲）或是五專五年級（20歲）時，學生須開始進行畢業研究。老師們會分別介紹各個研究室的研究主題，並調查學生想研究的主題，然後每個研究室會被分配到5名學生。因為名額固定，所以常有學生沒辦法被分到想去的研究室。

　　研究室內，每個人都有自己的桌子、椅子、電腦，需在自己的位子做研究。進研究室之前，學生都是在教室被動聽老師上課；進研究室之後，學生就得在自己的位子上主動學習。

　　進行電子電路有關的畢業研究時，需先決定欲達成的特性（譬如「想做出能以0.5[V]運作的放大器！」之類的），然後用電腦模擬、試作、實驗，然後寫出畢業論文。

　　決定「欲達成的特性」是十分重要的事。換句話說，學生需考慮3-9節圖中的抵換關係，與指導教授好好討論，才能決定研究方向。所以溝通能力也相當重要。

## Point

## 第3章真正想談的事

　　第3章中，我們介紹了3種共用電極電路（共射極、共基極、共集極）與積體電路中使用的電路（差動放大電路、電流鏡電路等）。是否有人的心中產生了以下這樣的疑問呢？

**問題：除了共用電極電路以外，還有其他必備知識嗎？**

**回答：** 共用電極電路有寫在檢定教科書中，因此能夠明白它是相當重要的知識。除此之外，還有哪些知識也很重要呢？請先記得以下關鍵字，大致上可以分成四大領域，分別是電力放大電路、訊號生成電路、調變解調電路、電源電路。

### 電力放大電路

關鍵字
・A級、B級
・電源效率
・交越失真

為何必要？

B級推挽電力放大電路

### 訊號生成電路

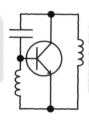

關鍵字
・柯比茲振盪器
・哈特萊振盪器
・VCO與PLL
・複振器

哈特萊振盪器

### 調變解調電路

振幅調變波

頻率調變波

關鍵字
・AM調變
・FM調變
・調變、解調
・載波

### 電源電路

以齊納二極體穩定電壓

關鍵字
・半波整流
・全波整流
・電源變動率
・漣波
・穩定化
・三端子調節器
・開關調節器

# MEMO

# 第 4 章

# 使用運算放大器的演算電路

## 電晶體數量的恐怖之處

第3章之前的主角是電晶體。不難想像「愈複雜的電路，電晶體的數量也會跟著增加」，同時計算也會變得更加複雜。於是，許多人就會開始「討厭」電子電路。不過，每個學習電子電路的人，都曾體會過這種「對大量電晶體的恐懼」而感到不安。事實上，有種方法能夠消除這種不安，那就是本章要介紹的救世主「運算放大器」，一起來看看這個元件吧。

# 增加電晶體數量後便無法計算!?

**Point**

　　消除因「對大量電晶體數目的恐懼」而感到不安的情緒,並體驗解讀電路過程中的興奮感。

### 看起來很複雜的電路圖

　　次頁的電路圖是所謂的**運算放大器**(Operational Amplifier)。各位平常使用的家電產品中,一定包含了運算放大器。

　　這個電路圖中有許多電晶體對吧。不過,你在使用家電產品時,會意識到自己在使用那麼複雜的電路嗎?事實上,就連設計電路的人,也不會意識到這個電路有多複雜。不過,如果在你看到那麼複雜的電路時,能一眼就看出它的功能與運作機制的話,應該會覺得很興奮不是嗎?

　　筆者在就讀研究所時,才終於消除了對大量電晶體的恐懼。當我剛成為一名研究者時,曾拿著自己的研究到學會、研究會等專家聚集的地方發表,但慚愧的是,那個時候的我完全無法理解其他人詢問的問題,以及給予的意見。現在回想起來,原因也很簡單。因為當時的我過度集中在自己發表的電路內部結構,而不是從整體角度俯瞰整個電路。也就是說,若看到一個乍看之下很複雜的電路,可以試著退一步,思考這個電路的功能是什麼。不只是電路,在很多情況下,這麼做就可以消除許多不安感。

　　若您未來想要在電子電路領域中一展長才,請一定要具備「擺脫煩惱的能力」與「俯瞰性思考的能力」。

　　簡單來說,運算放大器的結構大致上可以分成3個部分,那就是輸入部分、放大部分、輸出部分,分別是次頁圖的電路中,由左而右的3個部分。除此之外,運算放大器還有2個輸入端子,2個電源端子以及1個輸出端子。另外還有補償端子(offset),這是特性調整用端子。

## 運算放大器（TL081）的內部結構

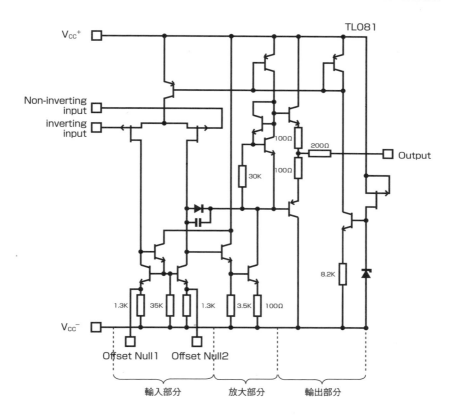

輸入部分　　　放大部分　　　輸出部分

為了提高輸入阻抗，
輸入部分的電晶體
需要使用FET。

# 4-2

## 救世主運算放大器登場
### …黑箱化&虛短路

🔑 **Point**

　　運算放大器是電子電路中最常登場的元件，讓我們一起來看看它的特徵吧。

### 黑箱化的思考方式

　　有許多電晶體的電路，可置換成下圖般的黑箱。在電力電路、電子電路等工科領域中，常用這種方式做分析。

　　也就是把焦點放在輸入與輸出的關係，不考慮「內部結構如何」的方法。這種方法也稱做**黑箱化**。事實上，前面我們已經把這種黑箱化的方法用在電晶體上，也就是所謂的h參數。

---

**輸入輸出與黑箱**

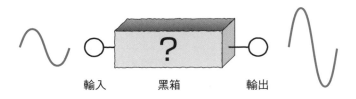

輸入　　　　黑箱　　　　輸出

---

 白箱：類比電子電路中常會用到黑箱這個詞，卻很少聽到白箱這個詞。不過在軟體領域中，會將「仔細考慮內部結構，進行充分測試」的方法稱之為**白箱測試**（white-box testing）。數位電路領域中，白箱與assertion-based verification、code coverage等概念的重要程度相當。雖然有些困難，但若有餘裕的話請您試著研究看看。

## 運算放大器登場

下圖為**運算放大器**的符號。其特徵為有正負共2個輸入，1個輸出。2個輸入的差放大A倍後即為輸出。這個三角形是所謂的黑箱，內部如之前看過的一樣，是由許多電晶體構成的電路。

**運算放大器的符號與內部結構**

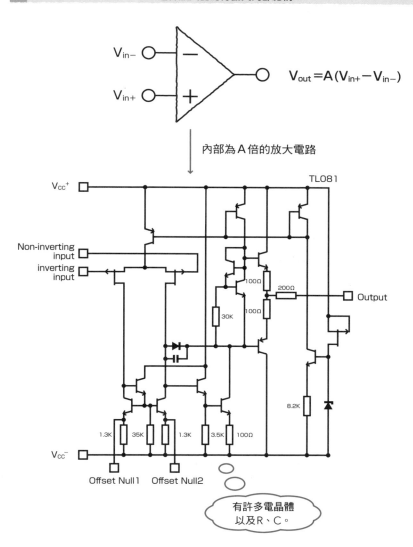

$V_{out} = A(V_{in+} - V_{in-})$

內部為A倍的放大電路

有許多電晶體以及R、C。

## 「虛短路」&「電流不流入」的必殺技

運算放大器的放大率非常大。剛才提到的Ａ如果很大的話，會發生什麼事呢？神奇的是，2個輸出會趨於相同。這不是直接短路，而是「假想中的情況」，所以被稱為**虛短路**（virtual short）〈必殺技1〉。

另外，理想情況下，電流不會流入運算放大器（輸入阻抗高）〈必殺技2〉。善用這2個必殺技，就可以像之後的章節內容一樣，輕鬆分析含有運算放大器的運算電路。

**使用運算放大器的2個必殺技**

<必殺技1>

$$V_{out} = A(V_{in+} - V_{in-})$$

$$V_{in+} - V_{in-} = \frac{V_{out}}{A}$$

$$A \rightarrow \infty，即A非常大時，則 \frac{V_{out}}{A} = 0$$

$$V_{in+} - V_{in-} = 0$$

虛短路　$V_{in+} = V_{in-}$

<必殺技2>

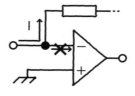

電流不流入＝輸入阻抗大

# 4-3 運算放大器的使用方式
## …密技回饋

**Point**

運算放大器有2個輸入端子。這一節讓我們來看看它是怎麼運作的吧。

## 將部分輸出訊號送還給輸入

運算放大器本身的訊號放大率就已經很大了。雖然說這點相當適合放大較小的訊號，但若是輸入了較大的訊號，則會輸出大到超乎想像的訊號。舉例來說，若使用3[V]的電池，就需要將大於3[V]的訊號裁切掉。這時就需要用到「**回饋**」這個神奇的方法。

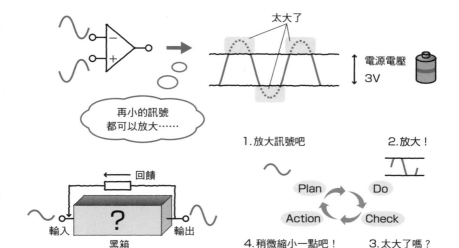

回饋與PDCA循環

太大了

電源電壓 3V

再小的訊號都可以放大……

回饋

輸入　？　輸出
黑箱

1.放大訊號吧　　2.放大！

Plan　Do
Action　Check

4.稍微縮小一點吧！　3.太大了嗎？

　　所謂的**回饋**，指的是將一部分的輸出返回給輸入，這種作法有許多好處。這就像是人類實行某種作法時，也會依照實行結果，修正原本的作法；設計電路時，也同樣需要這種PDCA循環。

## 返回至負端子　負回饋（negative feedback）

　　運算放大器的輸入端子有2個。而從負（－）端子返回的方法，被稱為**負回饋**（**negative feedback**）。乍看之下，這種電路似乎會讓訊號愈來愈小，最後消失不見。

　　不過，只要外加1個適當電阻，就不會有問題了。舉例來說，假設我們「想要放大10倍！」，就可以用這個原理，製作一個適當的運算放大器。接下來，就讓我們來說明如何決定放大的「程度」。

**負回饋的效用**

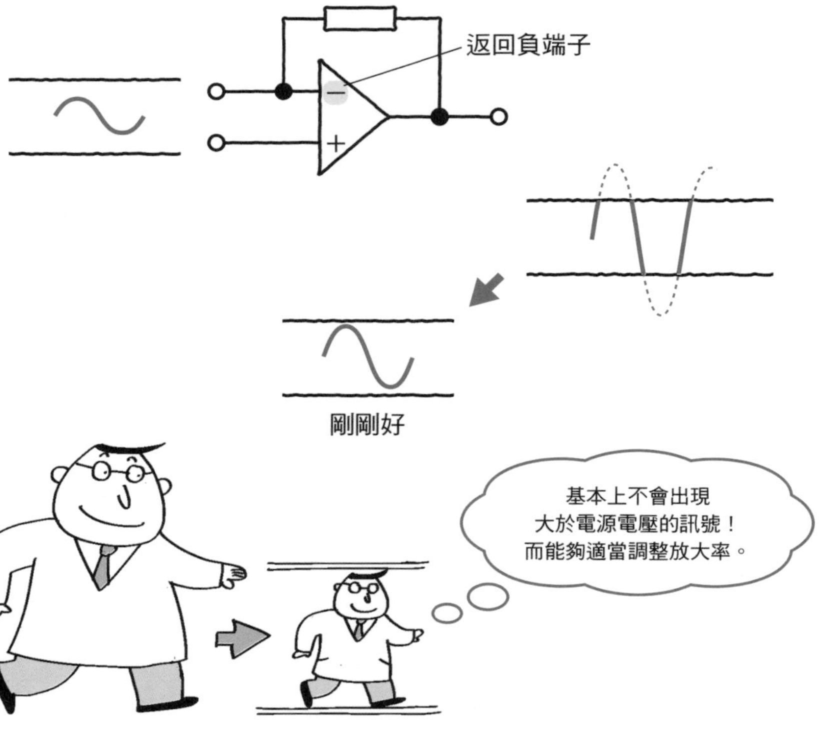

返回負端子

剛剛好

基本上不會出現
大於電源電壓的訊號！
而能夠適當調整放大率。

## 反相放大電路與非反相放大電路

運算放大器外加2個電阻，可建構出**反相放大電路**，如下圖所示。

若要實現負回饋，需將輸出訊號返回至負端子（與2個電阻相連的負輸入端），請牢記這點。

若在這裡使用**虛短路**與**高輸入阻抗**的運算放大器必殺技，可得到下圖中的式子。這讓我們能透過$R_1$與$R_2$的數值，任意設定放大率。

舉例來說，若想建構10倍放大器，只要設定$R_1 = 1[k\Omega]$、$R_2 = 10[k\Omega]$即可。這個電路中，回饋訊號由負端子輸入，故被稱為反相放大電路，輸入輸出波形為反相。

**第❹章** 使用運算放大器的演算電路

### 反相放大電路的計算

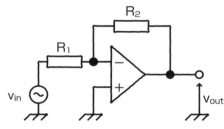

①電流不會流入運算放大器

②虛短路　$V_{in-} = V_{in+}$

$$\underbrace{\frac{v_{in} - 0}{R_1}}_{I_1} = \underbrace{\frac{0 - v_{out}}{R_2}}_{I_2} \quad \Rightarrow \quad \frac{v_{out}}{v_{in}} = -\frac{R_2}{R_1}$$

　　再來，試著考慮相同的電路結構，但訊號由正端子輸入的情況。這種電路被稱為**非反相放大電路**。輸入輸出非反相，卻有著「放大率需大於1」的特徵。

**非反向放大電路的計算**

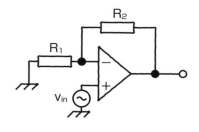 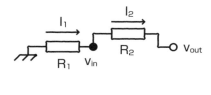

※虛短路

$$V_{in-}=V_{in+}$$

試著計算看看吧！

$$\frac{V_{out}}{V_{in}}=1+\frac{R_2}{R_1}$$

## 返回至正端子　正回饋（positive feedback）

　　使運算放大器的輸出訊號返回至正輸入端子的方法，被稱為**正回饋（positive feedback）**。就像麥克風收到揚聲器的聲音後形成迴圈所產生的回授音（howling）現象一樣。

　　發生這種現象時，電路就不會如理想般運作。或許你會認為「那麼正回饋不就沒有存在必要了嗎？」。事實上，正回饋可以放大極微小的雜訊，形成訊號，因此在振盪器相關技術中，是很重要的裝置，所以也請您牢記這項技術。無論如何，請先熟悉負回饋作用，再透過其他專業書籍學習正回饋。

　　正回饋與負回饋的分辨方式很簡單，如果輸出返回至正端子，就是正回饋；返回至負端子，就是負回饋。不同教科書所描繪的運算放大器也不一樣。有些學生看到第122頁最下方這個圖時，會以為是「正回饋」，請不要被騙了。

**正回饋的缺點與必要性**

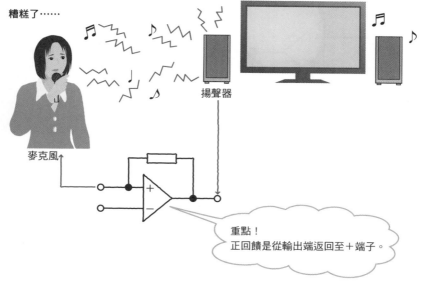

糟糕了……

揚聲器

麥克風

重點！
正回饋是從輸出端返回至＋端子。

產生訊號

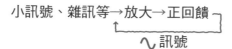

小訊號、雜訊等→放大→正回饋
∿ 訊號

運用正回饋原理的振盪器
範例（RC振盪器）

**正、負回饋的分辨方式**

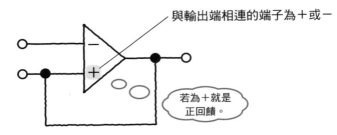

與輸出端相連的端子為＋或－

若為＋就是
正回饋。

**下圖是正回饋還是負回饋？**

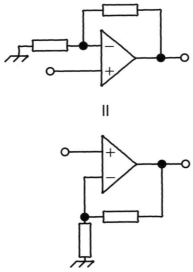

兩者都是負回饋的非反相放大電路！

# 4-4 使用運算放大器製作的加減法電路與微積分電路

## Point

　　訊號的加法、減法、微分、積分，皆可透過運算放大器實現。請把焦點放在運算放大器的「運算」上，牢記各種電路圖吧。

### 運算放大器這個名稱的由來

　　**運算放大器**的英文為Operational Amplifier（簡稱OPAMP），即運算＋放大器的意思。就像反相放大電路與非反相放大電路的名稱一樣，「放大」是運算放大器的最重要用途。

　　不過，運算放大器還有**「運算」**功能，可實現加法、減法、微分、積分，擴展了運算放大器的實用性。讓我們先把細瑣的計算過程放在一邊，看看這些運算的實際電路結構吧。

---

### Column

#### 運算放大器只能用在反相放大電路與非反相放大電路上嗎？

　　**反相放大電路**與**非反相放大電路**是運算放大器的主要用途。我試著詢問剛學完電子電路的學生後發現，許多學生都不記得運算放大器可以做加法、減法、微分、積分等計算。

　　再強調一次，運算放大器就如同英文名稱一樣可以進行計算。反相、非反相電路的計算相當簡單易懂，給人的衝擊也比較大，較容易記住。但如果您能精通其他計算功能，就能與其他初學者拉開差距！

## 可做電壓加法、減法的電路

下圖電路可對輸入訊號$V_1$、$V_2$做加法、減法,再輸出成$V_{out}$。

### 使用運算放大器的加法、減法電路

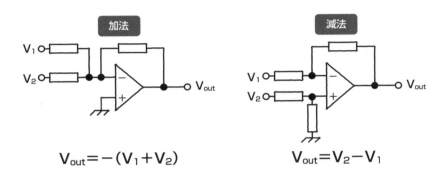

加法

$$V_{out} = -(V_1 + V_2)$$

減法

$$V_{out} = V_2 - V_1$$

## 微分、積分電路

下圖電路可對輸入訊號$V_{in}$做微分、積分,再輸出成$V_{out}$。

### 使用運算放大器的微分、積分電路

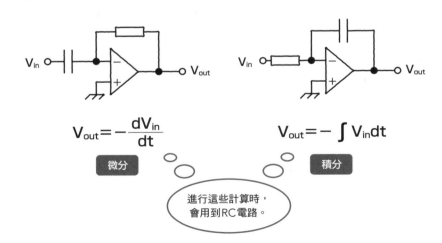

$$V_{out} = -\frac{dV_{in}}{dt}$$

微分

$$V_{out} = -\int V_{in}dt$$

積分

進行這些計算時,
會用到RC電路。

# 運算放大器使用的頻率濾波器

## …時間軸與頻率軸（Part Ⅱ）

**Point**

　　橫軸的種類很重要，可能是時間或頻率。讓我們用運算放大器實現頻率濾波器吧。

## 積分電路與低通濾波器

　　下圖左邊是使用被動元件（電阻或電容）的積分電路，右邊是使用了運算放大器、同樣的積分電路。時間軸上，做為輸出的電容兩端電壓不會劇烈變動，而是呈現逐漸改變的波形，也就是**積分**。

　　另一方面，做為電路輸出的電容，頻率高時電阻較小，頻率低時電阻較大，故為可讓低頻波通過，高頻波無法通過的低通濾波器。因此下圖電路中，如果橫軸為時間，就是一個**積分電路**；如果橫軸是頻率，就是一個**低通濾波器**。

### 使用運算放大器建構的積分電路與低通濾波器

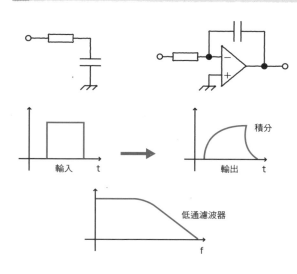

輸入　t

積分

輸出　t

低通濾波器

f

**重點！**

請回想2-5節的輸入阻抗，試著考慮R與C的電壓平衡。

## 微分電路與高通濾波器

下圖左邊是使用被動元件（電阻或電容）的微分電路，右邊是使用了運算放大器、同樣的微分電路。時間軸上，做為輸出的電阻兩端電壓波形，會反映輸入的變化，也就是**微分**。

另一方面，與積分電路的情況一樣，電容在頻率高時電阻較小，頻率低時電阻較大，因此做為輸出的電阻電壓會反映出高頻率的波，較不會反映出低頻率的波，為高通濾波器。所以下圖電路中，如果橫軸為時間，就是一個**微分電路**；如果橫軸是頻率，就是一個**高通濾波器**。

**使用運算放大器的微分電路與高通濾波器**

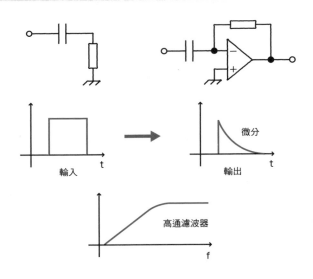

---

補充

RC電路無法放大通過的訊號，但若是使用運算放大器就可放大通過的訊號，為其一大優點。

# 4-6 運算放大器的內部
## …已學過之知識的總動員

**Point**

看到這裡，想必你已理解如何用運算放大器實現「運算」與「頻率濾波器」等功能。但如果一直把它當成黑箱，應該也會有些不安吧，因此讓我們簡單說明一下運算放大器內部結構吧。

## 實際看看運算放大器的內部結構

我們前面有說到「將含有大量電晶體的電路黑箱化，從運算放大器的角度來思考就可以了！」（參考4-2節）。不過，如果我們活用前面學到的知識，也能大概明白這些電路的原理。

次頁圖①的部分為**差動放大電路**，②的部分為**電流鏡電路**。比起電路的計算，「讀懂電路的能力」更為重要。對於剛開始學習電子電路的人來說，請您一定要試著享受讀懂電路的興趣。順帶一提，③與④也是著名的電路，你知道這些電路是做什麼用的嗎？自己試著搜尋看看吧！

比起電路的計算，讀懂電路的能力更為重要！

## 運算放大器內部的簡單說明

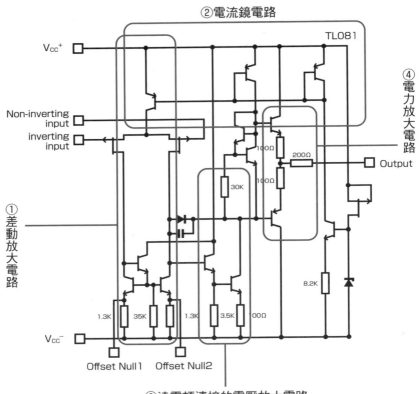

②電流鏡電路

TL081

Vcc⁺

Non-inverting input

inverting input

④電力放大電路

100Ω

200Ω

Output

30K

100Ω

①差動放大電路

8.2K

1.3K　35K　1.3K　3.5K　100Ω

Vcc⁻

Offset Null1　Offset Null2

③達靈頓連接的電壓放大電路

### 補充

　　達靈頓連接的優點在於能大幅增加電流放大率。但這也是個缺點，請試著思考為什麼。另外，「推挽（push-pull）」是讀懂電力放大電路的關鍵字，請查查看這個字的意思。

## 第3章裡為了讓你喜歡上電子電路的「5個問題」之答案

　　讀完第4章後，如果還是無法回答下面的問題，請從第1章開始重新讀一遍。這裡省略了圖片說明，請自行在腦中想像相關的圖片說明。

**問題1：試說明本質半導體與雜質半導體的差異。**
**答**：由純粹的Si構成的半導體被稱為本質半導體，摻雜了其他物質的n型、p型半導體，則被稱為雜質半導體。

**問題2：試說明pn接合、順向電壓、逆向電壓等名詞。**
**答**：問題1答案中，n型、p型半導體間的接面，就被稱為pn接合。p型半導體接上正電壓後會有電流通過，被稱為順向電壓；接上負電壓則不會有電流通過，被稱為逆向電壓。

**問題3：試說明雙極性電晶體與MOS電晶體的結構。**
**答**：雙極性電晶體為n型、p型半導體依照npn的形式連接而成的元件。MOS則是金屬、絕緣體、半導體依特定順序組合成三明治結構後形成的元件。

**問題4：試以共射極電路為例，說明放大作用。**
**答**：較小的電流 $I_B$ 轉變成較大的電流 $I_C$，通過負載電阻，故輸入訊號的變化程度也會跟著放大。

**問題5：試說明「以運算放大器建構的反相放大電路」。**
**答**：使用「接有電阻之負回饋運算放大器」，從負端子輸入欲放大訊號的電路。調整2個電阻值，就可以自由改變放大倍率。

# Point

第4章介紹了有用到運算放大器的電路。如果你也閱讀過其他相關書籍的話，或許會產生以下疑問。

**問題：為什麼有些書會用奇怪的符號來表示運算放大器？**

**回答：**這些符號稱為零子（nullator）與任意子（norator）。除了本章介紹的2種必殺技之外，我們還可以用下圖的2種符號來表示運算放大器或電晶體。當然，反相放大電路的計算結果，與本書說明的例子完全相同。總而言之，看到奇怪的符號時，先不要過於驚訝。

零子 ➡ 電壓與電流皆為0

任意子 ➡ 電壓與電流由周圍電路決定

理想運算放大器的零子、任意子模型

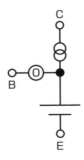

理想npn電晶體的零子、任意子模型

第 **5** 章

# 數位電路的基礎
## 組合電路與順序電路

　　本章將介紹數位電路。前面內容的關鍵字為「放大」，在此之後內容的關鍵字則是「開關」。與人類不同，電腦無法處理曖昧不明的資訊，相對的，判斷「黑或白？」、「0或1？」則是電腦的專長。

　　現今的電子學之所以能急速發展，與類比訊號轉換成數位訊號的處理過程有很大的關係。讓我們來看看電腦是如何處理這些訊號的吧。

# 5-1 從類比到數位
…A/D轉換與D/A轉換

🔑 **Point**

　　理解類比訊號與數位訊號的差異，試著思考兩者間的轉換介面，A/D\*轉換與D/A\*轉換。

## 類比訊號與數位訊號

　　**類比**（analog）意為相似，指的是與存在於自然界中，以**連續量**形式存在之訊號相似的電訊號。另一方面，**數位**（digital，港譯為數碼）源自拉丁語，意為「手指」，指的是像拇指、食指、中指等彼此分離的**離散量**。

　　自然界的聲音、光等資訊，皆屬於類比資訊，也就是連續量。另一方面，近年來的電器產品內部皆已經數位化，處理的是離散量資訊。

**類比與數位──連續與離散**

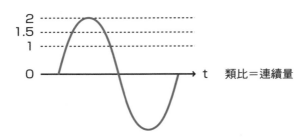

類比＝連續量

數位＝離散值＝離散量

↑
無法表示 1.5

---

\* **A/D**　Analog to Digital的縮寫。
\* **D/A**　Digital to Analog的縮寫。

　　由前頁示意圖應可看出，我們雖然可以用類比方式輕易呈現出1.5這個數值，卻很難用數位方式呈現出1.5。

## 取樣與量化

　　將類比訊號數位化時，有2個重要的關鍵字，分別是「取樣」與「量化」。**取樣**是決定訊號數位化的時間點，也就是標定「橫軸」位置。**量化**則是記錄對應的訊號大小，也就是標定「縱軸」位置。

　　量化與取樣時，用於標定的刻度愈細，得到的數位訊號就愈接近原本的類比訊號。

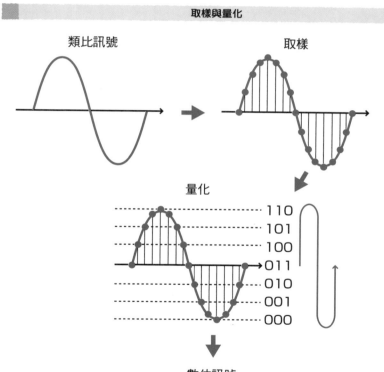

取樣與量化

類比訊號　　　　　取樣

量化

110
101
100
011
010
001
000

數位訊號
011100101110101100011010001000001010011

## A/D轉換與D/A轉換

將類比訊號（Analog）轉換成數位訊號（Digital）的過程，被稱為**A/D轉換**。我們可以用運算放大器，實現A/D轉換電路。譬如我們可以設定當電壓超過一定值時輸出0，低於該值時輸出1，這就是最簡單的A/D轉換電路。

**將類比訊號轉換成數位訊號**

### Analog ➡ Digital

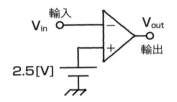

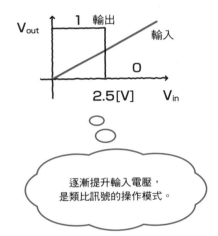

逐漸提升輸入電壓，
是類比訊號的操作模式。

相對的，我們也可以將數位訊號轉換成類比訊號。次頁圖中，$D_1$、$D_2$這個2位元開關可能為ON或OFF，2個開關的不同組合，會得到不同大小的輸出電壓，這種轉換被稱為**D/A轉換**。

舉例來說，當$D_1$、$D_2$皆為ON時，$V_{out}$的數值相當大。而當$D_1$為ON且$D_2$為OFF、$D_1$為OFF且$D_2$為ON、$D_1$與$D_2$皆為OFF時，輸出數值大小也各有不同。

**A/D轉換**是將自然界訊號轉換成電腦可處理訊號的必經過程，扮演著相當重要的角色。A/D轉換電路中會用到運算放大器等類比電路，請牢記這點。

## 將數位訊號轉換成類比訊號

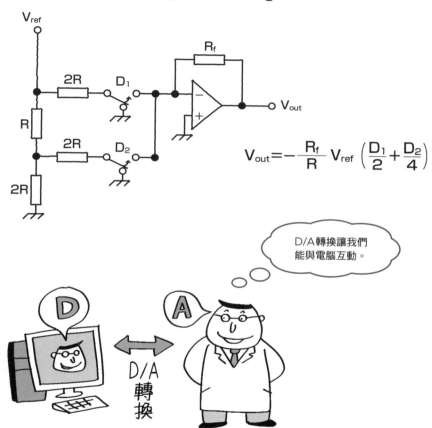

Digital　➡　Analog

$$V_{out} = -\frac{R_f}{R} V_{ref} \left( \frac{D_1}{2} + \frac{D_2}{4} \right)$$

D/A轉換讓我們
能與電腦互動。

D/A
轉換

第 **5** 章　數位電路的基礎

　　**D/A轉換**讓我們能與電腦互動。舉例來說，電腦可將由0與1構成的數位化音樂資訊（MP3檔等）傳送至揚聲器發出聲音。而我們耳朵聽到的聲音，就是完美的類比訊號。

　　一般來說，電腦內會有專門的IC負責進行A/D轉換或D/A轉換。

---

**Column**

## 「從類比到數位」的轉換極限
## 取樣定理

　　正文中有提到，將類比訊號轉換成數位訊號時，取樣與量化的步驟相當重要。那麼，取樣時應該要取多大的間隔呢？簡單來說，間隔最好不要大於訊號的一整個波峰或一整個波谷。也就是說，取樣間隔只要小於1個訊號的一半就行了（即所謂的**取樣定理**）。不過，如果間隔真的取訊號的一半，那麼回復成類比訊號時，會變成鋸齒狀波形，與原本的類比訊號有很大的差異。因此，一般會建議取樣時，間隔取愈小愈好。那麼，這裡出現了另一個疑問：量化要取得多細才好呢？同樣的，量化時的間隔也是愈小愈好。不過，取樣與量化取的間隔愈細，就需要更多記憶體才能記錄這些內容。不管是什麼事，都需考慮「適當的抵換」。

> 類比與數位2種
> 都精通就天下無敵了！

# 10進位、2進位、16進位
## …方便電腦處理的表示方式

**Point**

　　讓我們複習一下人類熟悉的10進位，並學習電腦真正在處理的2進位與16進位。

## 人類的手指與10進位

　　人類有幾根手指呢？右手5根、左手5根，一共有10根。以**10進位**記數時，需要在數到9的下一個數時進位。因為人有10根手指，所以理所當然會用這種進位方式。

　　如果人只有一隻手，或許就會慣於使用5進位。下圖列出了10進位與5進位的情況。請比較兩者的差異，熟悉兩者的進位機制。

**10進位與5進位**

人類的手指與10進位

0　　1　　2　　3　　4　　5

6　　7　　8　　9　　10

進位

| 10進位 | 1 | 2 | 3 | 4 | 5 | 6 | 7 | 8 | 9 | 10 |
|---|---|---|---|---|---|---|---|---|---|---|
| 5進位 | 1 | 2 | 3 | 4 | 10 | 11 | 12 | 13 | 14 | 20 |

進位　　　　　　　　　　　　　　進位

## 電腦與2進位

電腦內部是如何做計算的呢？電腦內有無數的開關，這些開關若不是處於ON（1）狀態，就是處於OFF（0）狀態。用人類的手指來比喻的話，就相當於只用1根手指來數數。從0、1數到2的瞬間，就必須進位。若以10進位來表示，則如下圖所示。順帶一提，**2進位**的1個位，被稱為**位元**。

**10進位與2進位**

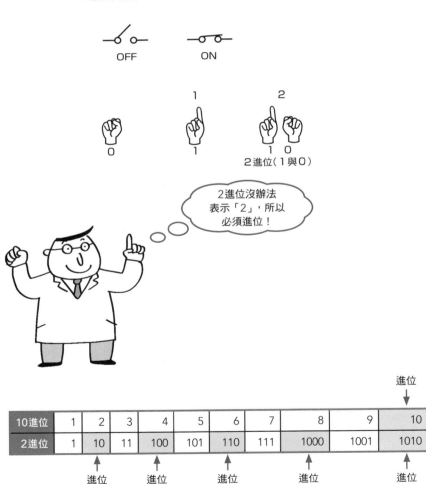

2進位示意圖

OFF　ON

1　　2

0　　1　　1　0

2進位(1與0)

2進位沒辦法表示「2」，所以必須進位！

進位

| 10進位 | 1 | 2 | 3 | 4 | 5 | 6 | 7 | 8 | 9 | 10 |
|---|---|---|---|---|---|---|---|---|---|---|
| 2進位 | 1 | 10 | 11 | 100 | 101 | 110 | 111 | 1000 | 1001 | 1010 |

進位　進位　進位　進位　進位

## 電腦與16進位

由前幾段的內容應該能夠看出，10進位對人類來說比較方便，2進位對電腦來說比較方便。不過，人類操作電腦時，如果看到一堆0與1，也會一頭霧水，完全摸不著頭緒吧。

這時候，如果把2進位數每4個位元一組，就會容易閱讀一些，這種4位元一組的2進位數，被稱為**16進位**。4位元可以表示0到15的10進位數，不過10進位的10是進位後的結果，所以10以上的數值寫成16進位時，需改用字母表示，譬如A＝10、B＝11、C＝12、D＝13、E＝14、F＝15。試著運用這個規則，寫出15以上的數吧（下圖）。

電腦內通常會以4位元、8位元、16位元為一個指令，所以16進位對數位電路或電腦工程師來說，是相當方便的工具。（　　）$_{16}$、（　　）$_{10}$、（　　）$_2$分別表示16進位、10進位、2進位的數。

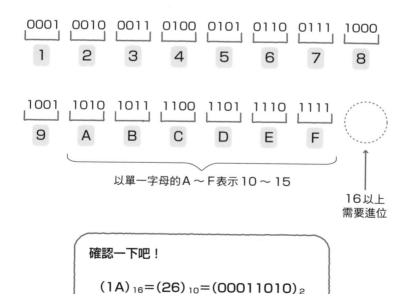

**16進位的表示方式**

| 0001 | 0010 | 0011 | 0100 | 0101 | 0110 | 0111 | 1000 |
|:---:|:---:|:---:|:---:|:---:|:---:|:---:|:---:|
| 1 | 2 | 3 | 4 | 5 | 6 | 7 | 8 |

| 1001 | 1010 | 1011 | 1100 | 1101 | 1110 | 1111 | |
|:---:|:---:|:---:|:---:|:---:|:---:|:---:|:---:|
| 9 | A | B | C | D | E | F | |

以單一字母的A ～ F表示10 ～ 15

16以上
需要進位

確認一下吧！

$(1A)_{16} = (26)_{10} = (00011010)_2$

第**5**章　數位電路的基礎

# 5-3 組合電路
## …NOT、AND、OR、NAND、NOR、XOR電路

**Point**

讓我們用2進位來計算數位電路吧。輸入後可以馬上得到輸出的電路，被稱為**組合電路**。請先記住「真值表」的使用方式。

### AND、OR、NOT的符號與真值表

**真值表**用於表示數位電路輸入與輸出的關係。下方左圖為最簡單的**NOT閘**。若輸入為1，則輸出為0；若輸入為0，則輸出為1。故可看出NOT閘有反相功能。

接著同樣來看看中間的圖，只有當2個輸入皆為1時，才會輸出1。這種電路稱為**AND閘**。

最後請看右邊的圖，2個輸入中，只要有1個以上的輸入為1，那麼輸出就是1。這種電路被稱為**OR閘**。

#### NOT、AND、OR的符號與真值表

NOT

AND

OR

| X | Z |
|---|---|
| 0 | 1 |
| 1 | 0 |

| X | Y | Z |
|---|---|---|
| 0 | 0 | 0 |
| 0 | 1 | 0 |
| 1 | 0 | 0 |
| 1 | 1 | 1 |

| X | Y | Z |
|---|---|---|
| 0 | 0 | 0 |
| 0 | 1 | 1 |
| 1 | 0 | 1 |
| 1 | 1 | 1 |

## NAND、NOR、XOR的符號與真值表

以下3個邏輯閘與AND、OR、NOT一樣重要。下方左圖在AND閘的輸出部分多加了1個○，被稱為**NAND閘**。這個○表示NOT的意思。NAND閘與AND閘的真值表輸出值剛好相反。

同樣的，**NOR閘**與OR閘的真值表輸出值相反。比較特殊的是**XOR閘**。XOR閘的運算在中文中被稱為**互斥或**。只有當輸入的X與Y相異時，XOR閘才會輸出1。請牢記這些邏輯閘的圖示與真值表。

### NAND、NOR、XOR的符號與真值表

NAND

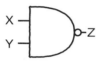

NOR

XOR

| X | Y | Z |
|---|---|---|
| 0 | 0 | 1 |
| 0 | 1 | 1 |
| 1 | 0 | 1 |
| 1 | 1 | 0 |

| X | Y | Z |
|---|---|---|
| 0 | 0 | 1 |
| 0 | 1 | 0 |
| 1 | 0 | 0 |
| 1 | 1 | 0 |

| X | Y | Z |
|---|---|---|
| 0 | 0 | 0 |
| 0 | 1 | 1 |
| 1 | 0 | 1 |
| 1 | 1 | 0 |

○為NOT的意思。
XOR是用來檢測「輸入是否一致」的邏輯閘！

**用語解說** 互斥或：顧名思義，就是互斥的或（OR）。一般的OR閘中，如果2個輸入都是1，便會輸出1；但XOR閘在2個輸入都是1時，卻會輸出0。用文字說明可能不大好理解，畫成文氏圖的話，看起來應該就簡單多了。若您有餘裕的話，建議試著閱讀與邏輯電路有關的書籍。

# 5-4 半加器與全加器
## …挑戰2進位加法

**Point**

　　本節將介紹電腦擅長的2進位加法計算方式。請試著用前節介紹
的邏輯閘來建構電路。

## 2進位的加法

　　我們在小學低年級時已經學習過10進位加法,那麼2進位的加法是在什麼時候學的呢?就算學過,你真的知道為什麼要這樣算嗎?這裡讓我們用10進位與2進位加法的例子來說明兩者差別。

　　10進位的「1個位數只能表示0到9」,共10個可能。當我們數數,從1、2、3、⋯數到9時,若要再數下去,就得「進位」成10。相對的,2進位的「1個位數只能表示0或1」,共2個可能。

　　也就是說,當我們數數,數到2時,因為無法表示出2,必須「進位」得到10。遵守這個規則進行2進位數計算時,可以得到以下結果。

### ▼10進位的加法與2進位的加法(例)

> 10進位時:6＋5＝11　2進位時:0110＋0101＝1011

　　筆算如下圖所示。

**10進位的筆算與2進位的筆算**

```
        6              0 1 1 0
    +   5          +   0 1 0 1
    1   1          1   0 1 1
    進位               進位
```

142

## 半加器與全加器

　　若用電路表示前段提到的2進位加法，這個電路會長什麼樣子呢？這裡會用到所謂的**半加器**（HA：Half Adder），這是由前一節中學到的AND與OR邏輯電路構成。

　　下圖為半加器符號、內部電路以及真值表。也就是說，半加器是個可以計算1位數加法的電路。

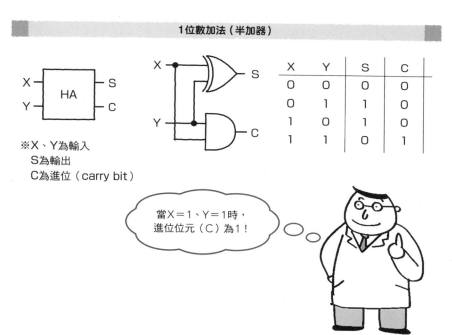

**1位數加法（半加器）**

| X | Y | S | C |
|---|---|---|---|
| 0 | 0 | 0 | 0 |
| 0 | 1 | 1 | 0 |
| 1 | 0 | 1 | 0 |
| 1 | 1 | 0 | 1 |

※X、Y為輸入
S為輸出
C為進位（carry bit）

當X＝1、Y＝1時，進位位元（C）為1！

　　但半加器只能做1位數加法，無法計算2位數以上的加法。若要考慮進位情況，則需要用到所謂的**全加器**（FA：Full Adder）電路。

　　全加器符號、內部電路以及真值表如次頁上圖所示。全加器由2個半加器與OR閘構成。全加器的特徵在於，計算時會加入前一位元的進位，所以全加器的計算時可以進位。

　　做為練習，讓我們試著用全加器來做前段文章的4位元加法吧（次頁下圖）。

## 多位加法的準備（全加器）

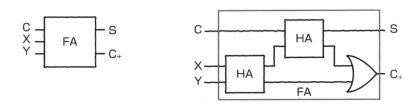

| X | Y | C | S | C_+ |
|---|---|---|---|---|
| 0 | 0 | 0 | 0 | 0 |
| 0 | 0 | 1 | 1 | 0 |
| 0 | 1 | 0 | 1 | 0 |
| 0 | 1 | 1 | 0 | 1 |
| 1 | 0 | 0 | 1 | 0 |
| 1 | 0 | 1 | 0 | 1 |
| 1 | 1 | 0 | 0 | 1 |
| 1 | 1 | 1 | 1 | 1 |

## 4位元加法

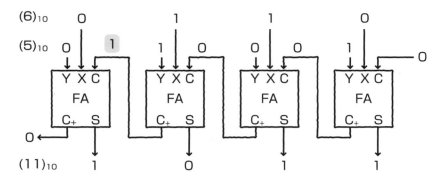

$(6)_{10}$

$(5)_{10}$

$(11)_{10}$

※（　）$_{10}$表示（　）內的數字為10進位

# 5-5 順序電路
## …記憶力超群的正反器電路

🔑 **Point**

組合電路可計算輸入訊號後馬上輸出。**順序電路**則是會記憶住輸出狀態,然後將這種狀態應用在其他電路上。本節讓我們來看看**正反器**(FF:Flip-Flop)這種記憶電路吧。

### DFF與TFF

**DFF**(**D型正反器**)的D是Data或Delay的首字母,是個需要在輸入(D)時,同時加入時鐘訊號(CK)的電路。另外,還有一個相似的電路稱為D栓鎖,這種電路中,當閘(G)為1時,可匯入輸入(D);當閘為0時,則保持目前的狀態。許多人會搞混DFF與D栓鎖電路,請牢記兩者的差別。

**D型正反器與D栓鎖**

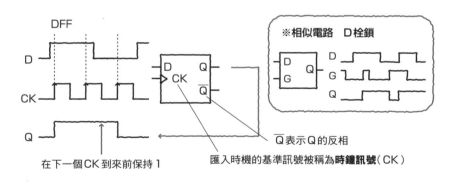

※相似電路 D栓鎖

Q̄表示Q的反相

匯入時機的基準訊號被稱為**時鐘訊號**(CK)

在下一個CK到來前保持 1

**TFF**(**T型正反器**)的T為Toggle的首字母,輸入脈衝訊號至這個電路時,輸出會跟著反轉,在0、1、0、1間交替變化。次頁例子中當輸入從1變成0時,會改變輸出,被稱為**負緣觸發**。

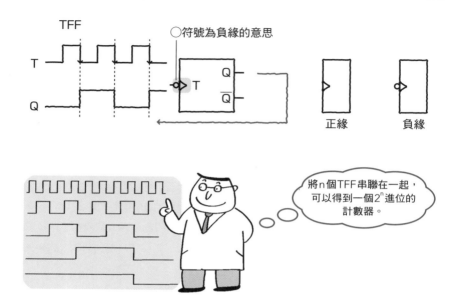

| T型正反器 |

TFF

T

Q

○符號為負緣的意思

T　Q
　　Q̄

正緣　負緣

將n個TFF串聯在一起，可以得到一個$2^n$進位的計數器。

## RSFF與JKFF

　　**RSFF**（**RS型正反器**）的電路如次頁圖所示。S端子輸入1時，輸出轉變成1；R端子輸入1時，輸出轉變成0；當S端子與R端子皆為0時，會保持之前的狀態。

　　RSFF中，禁止R與S同時為1。而改良過的**JKFF**（**JK型正反器**）在2個輸入同為1時，會像TFF一樣輸出反相訊號（可以當做S＝J、R＝K）。

　　RSFF可用於防**震顫**＊電路。由於JKFF可當做DFF或TFF使用，因此被稱為萬能FF。

---

＊ **震顫**　譬如按下按鈕時沒有乾脆地放開，使接觸點處於時而接觸時而不接觸的狀態，此時訊號會在0與1之間變動。

## RS型正反器與防震顫

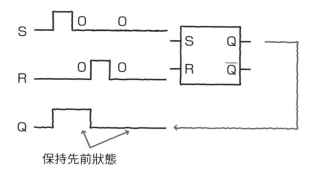

保持先前狀態

防震顫（防止開關在ON、OFF間快速變動）

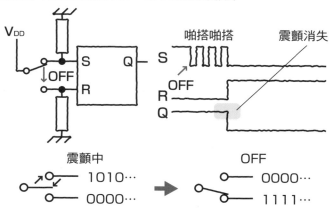

改變連接方式
就可以變身成其他FF，
很方便喔。

JK型正反器（萬能正反器）

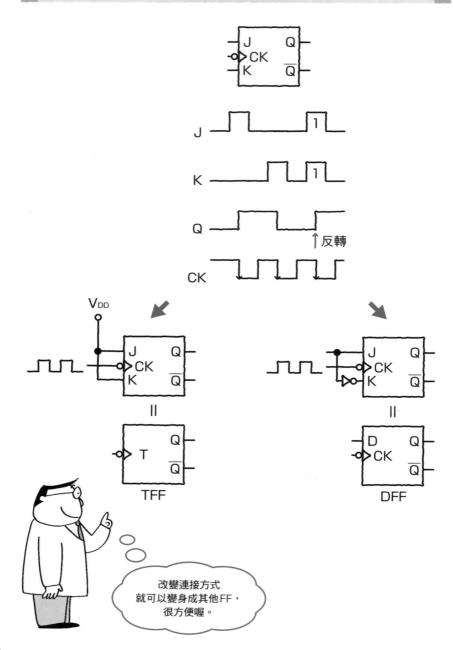

改變連接方式
就可以變身成其他FF，
很方便喔。

本章雖然僅簡單介紹了幾種正反器電路，不過如果您想知道詳細情況，可以自行參考邏輯電路或數位電子電路的書籍，這些書中會提到如何用FF設計暫存器、計數器。我們會在第6章中試著模擬這些元件。

最後我們可以用「組合電路」與「順序電路」建構出**狀態機（state machine）**，控制電腦的動作。總之，希望您能先從本書了解到「組合」＝「邏輯閘」、「順序、記憶」＝「正反器」的概念。

---

### 補充

「正反器（flip-flop）」與「栓鎖（latch）」等稱呼，在各書籍或網站中略有差異。不過一般來說，我們會將與時鐘訊號同步動作的元件稱為正反器，其他則稱為栓鎖。

因此，有時候你會看到不少書籍將RS型正反器寫成RS栓鎖。無論如何，使用由數位電路組合成的數位IC（參考5-7節）時，請仔細閱讀規格表，確認其功能。

---

---

### Column

## 如果被問到「數位電路（邏輯電路）是在學什麼？」該怎麼回答？

本章把各種數位電路大致上看過了一遍。筆者（石川）認為，對初學者而言，這已相當足夠。

在我教學生數位電路（邏輯電路）時，如果問學生「數位電路是在學什麼？」，得到的回答通常是「2進位和……AND閘……」之類的。幾年之後，學生可能就忘光光了。

筆者認為，學習專業領域的學問時，最重要的是「在腦中建立目次」。在被枝微末節弄得不曉得自己在學什麼之前，提到數位電路時，學生應該要能夠清楚回答出「組合電路」與「順序電路」才行。

# 5-6 邏輯電路也是由電晶體組成

🔑 **Point**

　　一般來說，若能記住邏輯閘（AND、OR等）或正反器（DFF、JKFF等）的運作方式，知道怎麼運用這些元件，就可以算是打好了邏輯電路的基礎。不過，既然都已經學過如何用電晶體建構類比電路，這裡就讓我們試著說明如何用電晶體建構數位電路（邏輯電路）吧。

## 首先是NOT閘

　　電晶體開關加上電阻後，就會成為**NOT閘**。輸入1時，電晶體處於ON，為接地狀態，故輸出為0。

　　輸入0時又如何呢？電晶體處於OFF，與電源電壓相連，故輸出為1。

### NOT電路的內部結構

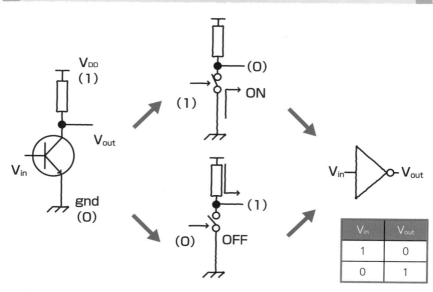

## NAND閘的內部結構

　　NAND閘由電阻、二極體、電晶體構成，這種電路被稱為**DTL** [*]；僅使用電晶體與電阻構成者，則被稱為**TTL** [*]。

**NAND閘的內部結構**

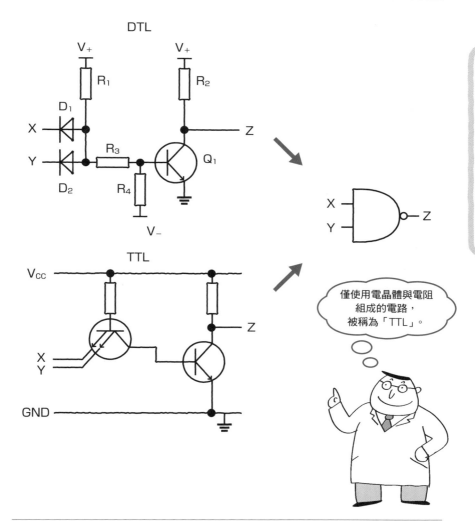

第**⑤**章　數位電路的基礎

僅使用電晶體與電阻
組成的電路，
被稱為「TTL」。

---

* **DTL**　Diode Transistor Logic的縮寫。
* **TTL**　Transistor Transistor Logic的縮寫。

## RSFF的內部結構

RSFF可由NAND與NOT建構而成。如前段內容所述，NAND與NOT皆可由電晶體（與電阻）建構而成，所以RSFF也可由電晶體建構而成。

**RS型正反器的內部結構**

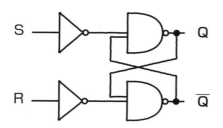 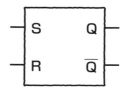

---

**Column**

### 意識到電晶體層次的時機

我們在第4章中，將運算放大器視為黑箱。在第5章中則提到，理解其邏輯閘的組成也是相當重要的事。對於初學者來說，怎麼做比較好呢？不知道你有沒有想過這個問題。

筆者（石川）認為，一開始可視其為黑箱，之後再慢慢思考其電路組成會比較好。

老實說，我雖然希望學生能夠真正理解到電晶體的層次，不過在看到這幾年愈來愈少人選擇電子電路這條路後，開始產生了「首先希望學生不要討厭電子電路」的心情。

在我執筆本書時，曾經有好幾次覺得「這樣會不會塞太多資訊了呢？」。學習方自然要努力學習，但我們這些專家也要考慮初學者的心情，或許才是培養學生們對電子電路之興趣的捷徑。這是我執筆本書時的心得。

# 5-7 數位IC的應用
## …TTL與CMOS

 **Point**

若要將前面學到的AND與OR等基本邏輯電路組合起來做實驗，使用數位IC（泛用邏輯電路）會方便許多。請牢記這些IC的種類。

## TTL與CMOS

**數位IC**包括了使用雙極性電晶體的**TTL**，以及使用MOS電晶體的**CMOS**＊等2種。

**TTL**會將輸入在2.0[V]以上的電壓判斷為High，0.8[V]以下的電壓判斷為Low。輸出時，High的情況為輸出2.7[V]以上，Low的情況則為輸出0.4[V]以下。

**CMOS**會將輸入在3.5[V]以上的電壓判斷為High，1.5[V]以下的電壓判斷為Low。輸出時，High的情況為輸出4.9[V]以上，Low的情況則為輸出0.1[V]以下。

**數位IC的輸入輸出電壓**

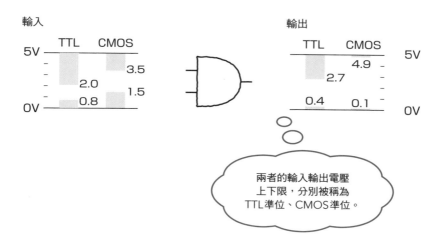

＊ **CMOS** Complementary Metal Oxide Semiconductor的縮寫。

TTL與CMOS連接在一起時，就可能會產生問題。如果第1個TTL AND閘輸出為2.7[V]，並做為第2個CMOS NOT閘的輸入，CMOS NOT閘就可能不會將其判斷成High（因為CMOS NOT只有輸入在3.5[V]以上時，才會判斷輸入為1）。

因此，將TTL與CMOS的泛用邏輯IC組合使用時，需特別注意。建議初學者先不要混用，僅使用TTL泛用邏輯IC來嘗試建構電路就好。

**連接TTL與CMOS時需注意的地方**

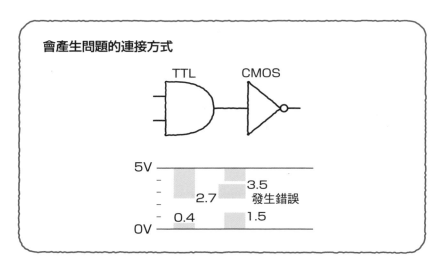

## 型號與功能

**泛用邏輯IC**主要包括74系列與4000系列。74系列包含了由雙極性電晶體製作而成的74LS系列，以及由CMOS製作而成的74HC系列。以下列出主要型號。

### 內部有4個NAND的74LS00

這個IC內有4個 NAND電路。

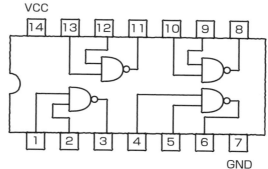

VCC

GND

〈雙極性電晶體〉
74LS：00(NAND) 02(NOR) 08(AND) 32(OR) 04(NOT) 73(JKFF) 74(DFF)
〈CMOS〉
4000：11(NAND) 01(NOR) 81(AND) 71(OR) 69(NOT) 27(JKFF) 13(DFF)
74HC：與74LS相同

像這樣試著將IC組合成邏輯電路後，對數位電路會有更深一層的理解，也會覺得更加親切。

最後要提的是初學者使用IC時經常犯的錯誤。「IC需要電源。請在標有VCC、GND的地方接上電源」。許多電路圖都不會畫出電源，這會讓許多初學者誤以為「其實不需要電源」，請多加留意這點。

第 **5** 章 數位電路的基礎

# 5-8 以「高性能」為目標
…微處理器、FPGA的未來

## Point

在微處理器登場後，數位電路也有了顯著的進化。本節將談談學習數位電路的預備知識，如果這些知識在您建構「高性能」電路時能派上用場，那就太棒了。

### 微處理器這個選項

**微處理器**的歷史是由英特爾公司（Intel）開發的4位元微處理器4004拉開了序幕。在這之後，英特爾公司陸續開發出了8008、8086、80386、Pentium，而8位元、16位元、32位元、64位元的微處理器也陸續誕生。這也就是今日電腦的頭腦──**CPU**＊的歷史。

另一方面，各家廠商也紛紛開發自家的微處理器，如Z80、H8、SH、ARM等，用於各式各樣的產品上。

提到微處理器，一般會聯想到**組合機器**，也就是洗衣機、電子鍋等日常使用之家電內部電路板上的處理器。

近年來，還有人開發出了PIC、AVR以及衍生出來的Arduino等簡單就能上手的微處理器，讓有興趣的人也能享受到電子電路的樂趣。

### FPGA與未來的數位電路：電路設計教育

本章學到的數位電路，是以AND、OR等「組合電路」與RS型正反器等「順序電路」為基礎，建構而成的硬體電路。另一方面，我們也可以透過程式來設計微處理器，也就是在軟體上設計電路。

您有聽過**IoT**＊這個詞嗎？中文常翻譯成「物聯網」，也就是隨時都將所有物體連結在一起的網路，譬如智慧型手機就包含了這個概念。

事實上，這種概念在2007年（iPhone首度發售年）之後加速發展。未來**5G**＊（第五代行動通訊技術）普及化後，IoT或**CPS**＊將成為理所當然的框架。

---

＊**CPU** Central Processing Unit的縮寫。
＊**IoT** nternet of Things的縮寫。

到了那個時候，電腦或智慧型手機，與現在會有什麼不同嗎？

軟體領域中，我們可以依照需求設計出多種不同的程式。同樣的，以程式設計出有特定功能之硬體的時代也將到來。

這個過程的關鍵元件就是FPGA<sup>＊</sup>。簡單來說，就是「能用程式改寫組合電路與順序電路」的硬體。未來連小學生都會寫程式，而程式的編寫不僅能幫我們設計軟體，也能幫我們設計硬體。

在追求高性能硬體的過程中，筆者（石川）有以下預測。就像「程式編寫教育」已被視為理所當然一樣，在不久的未來，**電路設計教育**也會成為理所當然。

我們生活周遭的自然界訊號，並非僅由0與1構成的數位訊號，而是微弱的類比訊號。想要放大、過濾這些訊號，需要類比訊號處理技術；而若要進一步以微處理器或FPGA處理，則需轉換成數位訊號——也就是說，我們需要一個類比、數位混搭的硬體。

讀過本書的**電路設計**相關內容後，各位要不要試著以開發出高性能新元件為目標呢？

---

＊ **5G** 5th Generation Communication System的縮寫。
＊ **CPS** Cyber Physical System的縮寫。
＊ **FPGA** Field Programmable Gate Array的縮寫。

## 第5章真正想談的事

FPGA領域中，Xilinx（AMD於2022年收購）與Altera（Intel於2015年收購，成為該公司的FPGA部門）這2家公司的競爭十分激烈。

如何設計FPGA呢？簡單來說，要用VHDL或Verilog HDL等語言來設計。

**問題：如何用VHDL寫出「組合電路」與「順序電路」？**

**回答：** 以下列出2種用VHDL寫出來的RS型正反器，分別是用邏輯閘直接寫出來的程式碼（右頁），以及用程式碼方式描述動作的程式碼（第160頁）。所以說，使用HDL（硬體描述語言）時，即使不從邏輯閘的角度思考，「也」能實現想要的電路。設計工具可用圖來表示邏輯合成結果，所以說，如果能隨時確認VHDL寫出來的東西到底是什麼樣的邏輯電路，那麼數位電路的知識與經驗也能更上一層樓。

RS型正反器

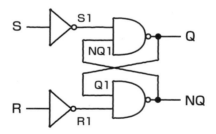

▼忠實呈現出邏輯閘的VHDL描述方式

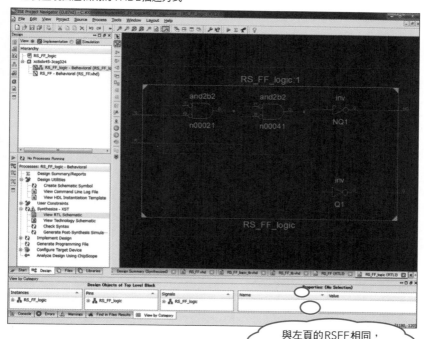

與左頁的RSFF相同，
可以看到NOT與NAND。

```
entity RS_FF_logic is

    Port ( R : in  STD_LOGIC;

           S : in  STD_LOGIC;

           Q : out  STD_LOGIC;

           NQ : out  STD_LOGIC);

end RS_FF_logic;


architecture Behavioral of RS_FF_logic is


signal R1 :std_logic;

signal S1 :std_logic;

signal Q1 :std_logic;
```

```
signal NQ1 :std_logic;


begin


S1 <= not S;

R1 <= not R;

Q1 <= S1 nand NQ1;

NQ1 <= R1 nand Q1;

Q <=  Q1;

NQ <= NQ1;


end Behavioral;
```

▼ 如程式碼般的VHDL描述

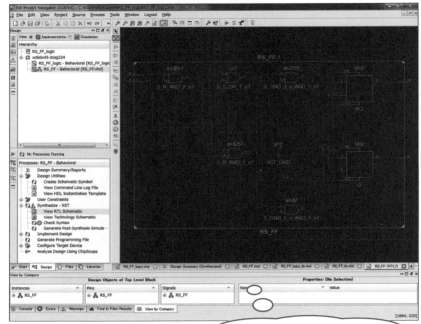

程式能自行檢查程式碼，
自動描述邏輯閘的連接方式。

```
entity RS_FF is

    Port ( S : in  STD_LOGIC;

           R : in  STD_LOGIC;

           Q : out  STD_LOGIC;

           NQ : out  STD_LOGIC);

end RS_FF;


architecture Behavioral of RS_FF is


begin


process(S,R)
```

```
begin

    if(S = '1' and R = '0')then

           Q <= '1' ;NQ <= '0';

    elsif(S = '0' and R = '1')then

           Q <= '0' ;NQ <= '1';

    elsif(S = '1' and R = '1')then

           Q <= 'X' ;NQ <= 'X';

    end if;

end process;


end Behavioral;
```

第**6**章

# 電路模擬
## LTspice入門

　　想必您已經在前5章中，打好了類比電路與數位電路的基礎。但實際建構、驅動一個電路時，需要足夠的零件、基板、昂貴的量測裝置等等，相當費時費力。

　　本章中，讓我們用電腦模擬的方式，簡單確認電路的動作吧。建議您試著熟悉SPICE這個電路模擬器，增加自己對電子電路的相關知識，再以此建立起自信。

## 6-1 什麼是電路模擬

**Point**

　　如果想用電腦模擬電子電路的話，該怎麼進行呢？或者問得更直接一點，為什麼要進行電路模擬呢？在你開始蒐集電子零件來建構電路之前，先坐在電腦前模擬看看吧！

### 組裝電子電路做實驗前的必要準備

在確認電路運作之前，需要做好以下準備。

①蒐集零件
②製作基板
③準備電源與測量器

　　如果你是在大學的電力、電子工程學系的研究室，或是企業的電路設計部門，那麼應該可以輕鬆完成這些準備才對。然而對一般人而言，相關機器的價格高昂，附近的零件專賣店可能沒販售想要的零件，門檻相對較高。

　　可以的話，請您一定要試試看用通用基板與電焊棒製作電路，以及用麵包板試作電路。

　　不過，在您因為耗費太多時間組裝電路做實驗而灰心喪氣之前，請您先用電腦模擬電路，實際體驗驅動電子電路的樂趣。

　　本章會有許多模擬練習。若你跟著做完所有練習，就能充分掌握類比電路模擬、數位電路模擬所需要的技能。

　　以下介紹的電路都放於雲端供您下載（第4頁）。沒時間自己組裝電路的人，可以下載這些資料，看著書操作這些電路，體驗電路模擬世界的樂趣。

## 不需要電子零件、電路基板、測量器的電路模擬

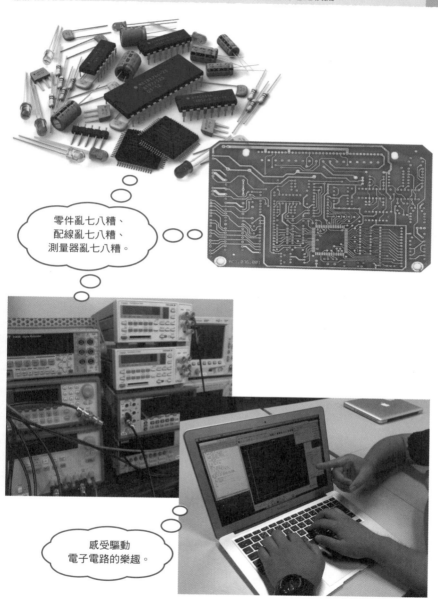

零件亂七八糟、
配線亂七八糟、
測量器亂七八糟。

感受驅動
電子電路的樂趣。

第 **6** 章　電路模擬

## 電路模擬與SPICE

所謂的**電路模擬**，指的是使用專門軟體用電腦進行模擬，將電路的配線資訊等轉換成電路圖形式或**網路連線表**（netlist）的文字形式，再於圖中呈現出波形與電路特性。

進行電子電路模擬時，一般會使用名為**SPICE**＊的電路模擬軟體。

1973年，加州大學柏克萊分校開發出了SPICE，目前該校團隊仍以此為基礎，提供各種有償、無償的SPICE版本。

## SPICE模型

用電路模擬器模擬電子電路的運作時，需要用到內部存有實際零件參數、實際IC參數的模擬模型（SPICE模型）。以這個SPICE模型為基礎，解電路模擬器的電路方程式，才能模擬出電子電路的運作。

市面上販賣的元件或IC的SPICE模型，通常可在製造商網站下載。而這個SPICE模型的精密度會大幅影響到模擬結果，所以必須選用適當的模型。

### 電路零件與SPICE模型

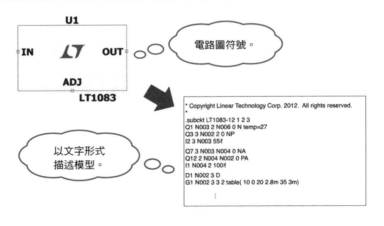

U1

IN　*LT*　OUT

ADJ

LT1083

電路圖符號。

以文字形式描述模型。

```
* Copyright Linear Technology Corp. 2012.  All rights reserved.
*
.subckt LT1083-12 1 2 3
Q1 N003 2 N006 0 N temp=27
Q3 3 N002 2 0 NP
I2 3 N003 55
Q7 3 N003 N004 0 NA
Q12 2 N004 N002 0 PA
I1 N004 2 100
D1 N002 3 D
G1 N002 3 3 2 table( 10 0 20 2.8m 35 3m)
    ⋮
```

---

＊ **SPICE**　Simulation Program with Integrated Circuit Emphasis的縮寫。

## 電路模擬種類

電路模擬的主要分析方法有以下3種。

①DC分析（直流分析）
②TRAN分析（過渡分析）
③AC分析（交流分析）

### ●DC分析

　　DC為「Direct Current」的縮寫，由名稱可知DC分析即為觀察直流電壓、電流的行為。舉例來說，我們可以研究輸入電壓改變時，各部分的電壓或電流如何變動。下圖以電壓為橫軸的分析便是如此，相當於用電壓計或電流計的觀測。

DC分析圖

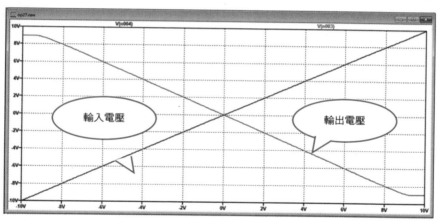

模擬「電路輸入電壓改變時，輸出電壓的變化」。

## ●TRAN分析

TRAN為「Transient」的縮寫。顧名思義，TRAN分析觀察的是訊號隨時間的變化，或者說是過渡現象。下圖以時間為橫軸的分析便是如此，相當於用示波器觀測到的結果。

TRAN分析圖

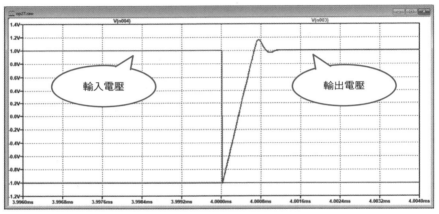

模擬「電路輸入電壓改變時，
輸出電壓隨時間的變化」。

## ●AC分析

AC為「Alternative Current」的縮寫，一如名稱AC分析觀察的是交流電的行為。TRAN分析的橫軸為時間，不過AC分析的橫軸為頻率，結果如次頁圖。可以觀測到在不同頻率下，訊號波形放大或縮小的情況，相當於網路分析器（network analyzer）觀測到的結果。

**AC分析圖**

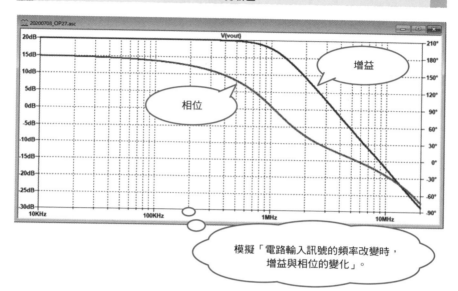

模擬「電路輸入訊號的頻率改變時，增益與相位的變化」。

---

**Column**

## 與電路模擬的相遇（石川篇）

筆者（石川）大學四年級時，曾在電子電路專業的研究室做研究。當時的大學生沒辦法隨意使用電路模擬器（需等學長姐用完之後，再排隊使用），所以我們只好不情願地（？）蒐集各種零件來做實驗。

現在的狀況已經不同。每個大學生都可以隨時用電腦進行電路模擬。這讓我覺得「和當年我們第一次接觸電路的情況也差太多了吧！」，而且最近甚至有不少學生覺得拿電子零件來組裝電路做實驗是很麻煩的事。

筆者認為，因為有當年那些不情願（？）的經驗，所以才有現在的我。當我做了太多模擬時，就會想要實際動手操作看看。不管是什麼事，第一次的接觸都相當重要，回憶自己第一次接觸的經驗，也會讓自身有所成長。

或許與正文有些矛盾，不過各位或許也可以試著離開電腦前，實際觸碰電子零件，為自己的電子電路研究史寫下不同的一頁。

# 6-2 LTspice介紹

**Point**

　　接下來的這一節，我們將會簡單地介紹本書中所使用的LTspice
電路模擬軟體。

## LTspice是什麼

　　**LTspice**是由亞德諾半導體提供的高性能SPICE模擬軟體。在本書寫作時，最新
版本為LTspice XVII，可於該公司網站上免費下載。此軟體可在Windows 7以後、
Mac OS X 10.10以後的作業系統中運行，請將它安裝在自己的電腦中。

## LTspice的特徵

　　「LTspice」有許多功能，包括電路圖描述、網路連線表轉換、模擬、波形顯示
等。

　　以LTspice模擬電路時，主要會用到以下2個作業視窗（被稱為**窗格**（pane））。
LTspice的詳細使用方法，可參考各種書籍與網站，本書僅會簡單說明其主要功能。

### ● 電路圖窗格

　　電路圖窗格的內容包括欲模擬的電子電路與分析指令。使用者可從畫面上方的工
具列中選擇離散元件、電壓源等，配置在圖中，然後以線連接，得到電路圖。另外，軟
體內建了泛用的電晶體、二極體、亞德諾半導體製IC的SPICE模型，因此可以直接用
這些零件來建構電路圖。

　　網站上可以下載到其他公司製造之IC的SPICE模型，只要新增至元件庫，就可以
在LTspice內使用。

## ●圖形窗格

執行電路圖窗格的模擬後，結果會顯示在**圖形窗格**。電路圖窗格中描述的分析方法（DC分析、AC分析、TRAN分析等）不同時，圖形窗格所顯示的計算結果也不一樣。

以滑鼠在電路圖窗格上點選任意配線或節點（交點）時，便可顯示該點的電壓或電流波形。

**電路圖窗格（下）與圖形窗格（上）**

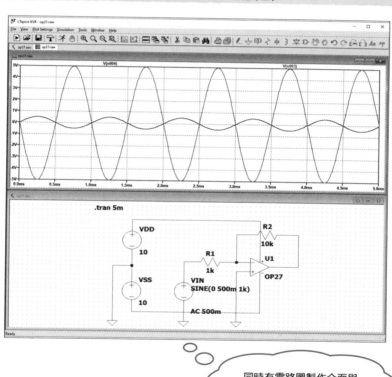

同時有電路圖製作介面與波形顯示介面的綜合環境。

## 樣本電路（Sample／Demo電路）

　　LTspice內建了亞德諾半導體公司製IC的樣本電路，可直接套用。點選畫面上方工具列的「Component」，跳出視窗後，於文字欄內輸入任意IC型號，再選擇「Open this macromodel's test fixture」，便可顯示含有周邊電路與分析指令的樣本電路。

　　此外，亞德諾半導體公司的網站中也有「LTspice Demo Circuits」（LTspice樣本電路集）這個頁面，您可以從這個網頁中下載任意IC的樣本電路。

**呼叫樣本電路**

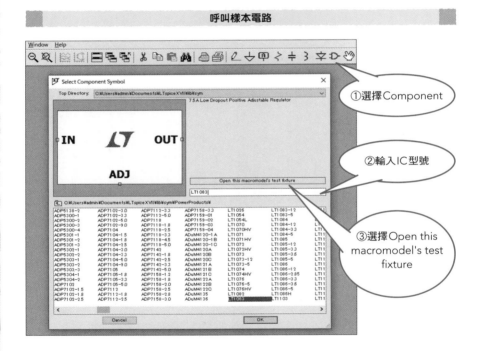

**樣本電路的下載頁面**

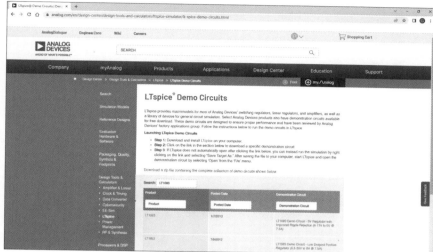

由IC型號或關鍵字
搜尋樣本電路。

# 6-3 LTspice的使用方式

🔑 **Point**

　　讓我們從安裝開始，一步步說明LTspice的使用方式吧。看完本節內容後，電路模擬就不再是難事！

## 安裝LTspice

　　請各位先開啟亞德諾半導體公司的官方網站。在我寫作本書時，依照「Design Center > Design Tools & Calculators > LTspice」的路徑，便可看到「Download LTspice」的文字，下方則有適用於各作業系統的LTspice供下載。

### LTspice下載頁面

　　以Windows用的版本為例，按下下載鍵後，就會開始下載「LTspice」的exe檔。

　　雙擊下載下來的檔案後，就會開始安裝「LTspice」。按下Accept鈕同意使用規範後，需選擇要安裝32 bit版或64 bit版的LTspice，然後選擇要安裝在哪個資料夾內。選擇完畢後，按下Install Now鈕後，就會開始安裝。

**LTspice的安裝用檔案**

**LTspice的安裝畫面**

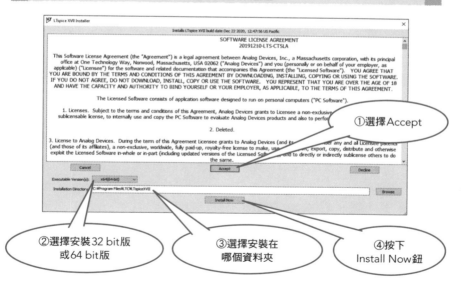

## 嘗試執行LTspice

安裝完畢後，便可執行「LTspice」了。開啟安裝時指定的安裝資料夾，應可看到副檔名為exe的執行檔，雙擊之後便可執行「LTspice」（桌面上也會有一個啟動捷徑，您可以從這個捷徑執行LTspice）。

**LTspice安裝資料夾內部**

| | | | |
|---|---|---|---|
| examples | 2022/7/13 下午 02:59 | 檔案資料夾 | |
| lib | 2022/7/13 下午 02:59 | 檔案資料夾 | |
| ASCx64.dll | 2022/7/13 下午 02:59 | 應用程式擴充 | 17,823 KB |
| ASYx64.dll | 2022/7/13 下午 02:59 | 應用程式擴充 | 2,668 KB |
| Changelog.txt | 2022/7/13 下午 02:59 | 文字文件 | 116 KB |
| License.pdf | 2022/7/13 下午 02:59 | Adobe Acrobat ... | 65 KB |
| License.txt | 2022/7/13 下午 02:59 | 文字文件 | 35 KB |
| LTspiceHelp.chm | 2022/7/13 下午 02:59 | 編譯的 HTML 說... | 5,304 KB |
| LTspiceHelp.pdf | 2022/7/13 下午 02:59 | Adobe Acrobat ... | 5,610 KB |
| ReadMe.txt | 2022/7/13 下午 02:59 | 文字文件 | 2 KB |
| stamp.bin | 2022/7/13 下午 02:59 | BIN 檔案 | 1 KB |
| uninstall.info | 2022/7/13 下午 02:59 | INFO 檔案 | 1 KB |
| XVIIx64.exe | 2022/7/13 下午 02:59 | 應用程式 | 16,296 KB |

雙擊執行檔
「XVII～.exe」

---

**Column**

## IC設計的必要工具

SPICE主要有2種電路描述方式。一種是本書中LTspice這種電路圖形式的描述，另一種則是名為網路連線表（netlist）的文字形式描述。IC設計公司、五專與大學研究室中，通常可以使用由Synopsys公司開發的付費軟體HSPICE，這就是用網路連線表描述的SPICE。

熟悉SPICE操作之後，可提升電路設計能力，但光是模擬也做不出電路。實際製造IC時，需要用到名為EDA（Electronic Design Automation）的軟體，將設計好的電路放在矽基板上，設計各元件配置、配線等布局。EDA是IC設計過程中不可或缺的軟體，日本的Jedat公司就開發了EDA軟體SX-Meister。近年來，半導體製造回歸日本國內的話題逐漸熱門了起來，不只是製造裝置，就連設計工具也要回歸日本，這樣才能讓「日本電子立國」的精神復活不是嗎？

## 體驗電路模擬

　　順利執行「LTspice」之後，讓我們透過第1章學到的克希荷夫定律為例，熟悉「LTspice」的基本操作方式吧。

❶點擊工具列最左邊的「New Schematic」圖示，可叫出電路圖窗格。剛開始使用LTspice時，可點選工具列上的View，核取Show Grid，在電路圖窗格上顯示柵格會方便許多。

### 執行畫面與電路圖窗格

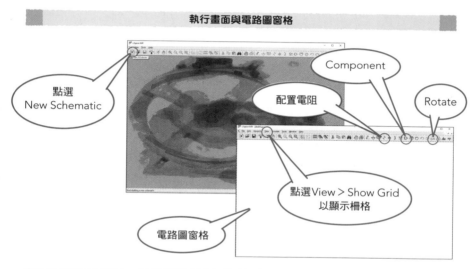

點選
New Schematic

Component

配置電阻

Rotate

點選View > Show Grid
以顯示柵格

電路圖窗格

❷從工具列的圖標中，選擇想要配置在電路圖上的電路元件，將其拖曳到電路圖窗格上。這裡假設我們想要配置電阻，所以請您選擇電阻符號。若您想旋轉元件，請在選擇元件的狀態下，且在配置於電路圖窗格前，點選「Rotate」圖示，便能將其旋轉90度。欲複製元件時，可點選「Copy」圖示，再選擇想複製的元件。欲移動元件時，可點選「Move」圖示，再選擇想要移動的元件。

❸欲配置電源、半導體元件、IC時，請點選工具列「Component」，再從跳出的畫面中，選擇想要配置的元件。這裡假設我們想要配置電壓源，故可選擇voltage（若在文字欄中輸入文字，便可自動搜尋，以下亦同）後，配置於電路。

第❻章　電路模擬

**配置電阻與電壓源**

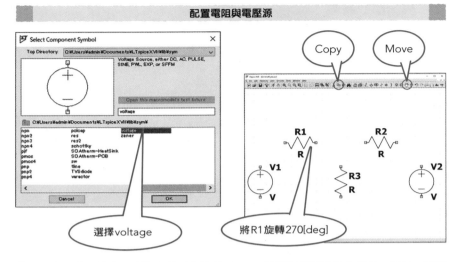

選擇voltage

將R1旋轉270[deg]

❹配置完電路元件後，點選工具列中的「Wire」，就可以配線連接各元件。另外，點選「Ground」圖示後，即可配置接地端。

❺在電路元件上按右鍵，顯示其屬性，便可輸入電阻值或電壓值。這裡假設我們輸入 R1＝1[Ω]、R2＝2[Ω]、R3＝3[Ω]、V1＝10[V]、V2＝13[V]。

❻最後描述分析條件。請點選工具列上方Edit＞Spice Directive以描述分析條件（下命令）。這裡假設我們輸入「.tran 10u」。

**以克希荷夫定律確認電路圖是否完成**

Run

Wire

.tran 10u

Ground

R1
1

R2
2

V1
10

R3
3

V2
13

分析條件

❼接下來，終於要開始模擬了。點選工具列的「Run」，開始模擬。成功的話，就會在
圖形窗格中顯示結果。

　　若將滑鼠移到電路圖窗格中的配線上，游標會轉變成紅色探針般的圖示，被稱為
**電壓探針**。點選任意配線或節點，便可在圖中看到電壓大小。

　　同樣的，將滑鼠移到電路圖窗格中的元件上，游標會轉變成電流探針般的圖示，
可在圖中看到通過任意元件之電流的大小。

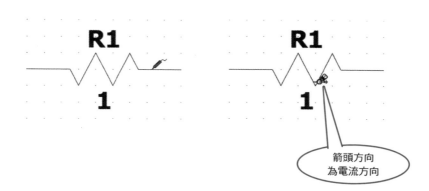

**電壓探針（左）與電流探針（右）**

箭頭方向
為電流方向

第 ❻ 章　電路模擬

　　接著，請在圖形窗格中顯示各電阻的電流值。請用第1章中學到的克希荷夫定律
計算，看看計算結果是否與模擬結果一致。

　　另外，若您想刪除任意波形，請在選擇圖形窗格的狀態下，於工具列點選「Cut」
圖標，再點選想要刪除的波形名稱即可。

　　順帶一提，圖形中顯示的電流極性（電流探針的箭頭方向），會因電阻方向而改
變。若希望極性反過來，請在電路圖窗格中，將電阻Rotate 180[deg]即可。

　　完成電路後，請點選File＞Save as，命名後儲存。

## 克希荷夫定律的模擬結果

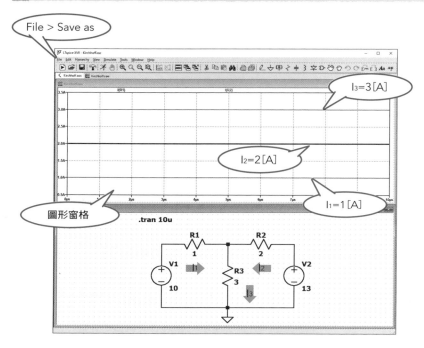

### 刪除任意波形

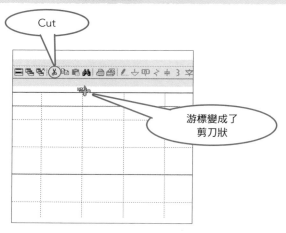

## 6-4 用模擬器體驗「放大」

### Point

習慣LTspice的操作後，接著就讓我們用電晶體，實際模擬一個代表性的類比電路「放大器」吧。

### 試著描繪電晶體的V<sub>BE</sub>-I<sub>B</sub>特性（輸入特性）吧

試著描繪電晶體的 $V_{BE}$-$I_B$ 特性（輸入特性）吧

首先，讓我們試著模擬第2章中學到的電晶體輸入特性。

❶與先前相同，請點選工具列的「New Schematic」圖標，開啟新的電路圖窗格，配置電壓源、電阻、接地端。若您忘了配置方式，請翻回6-3節再次確認。

❷變更電路元件的名稱（原名應為V1、R1等）。在元件名稱上點右鍵，便可在彈出畫面中自由變更名稱。元件數目增加後，電路圖就會變得很複雜，所以建議您養成習慣，為每個元件取個簡單易懂的名稱。

本例中，請將與電晶體基極端相連的電源命名為VBB，與集極端相連的電源及電阻分別命名為VCC、RC。

**重新命名元件**

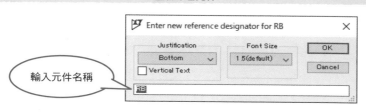

第 ❻ 章　電路模擬

❸接著就來配置這次的主角——電晶體吧。請點選工具列的「Component」圖示，選擇npn，此時應該會出現npn電晶體的電路符號才對。配置好電晶體後，接著要設定元件模型。請在配置好的電晶體上點右鍵，選擇「Pick New Transistor」。

此時，LTspice會列出所有可使用的實際npn電晶體模型。這次我們就選擇2N2222這個模型。

**輸入特性的模擬電路**

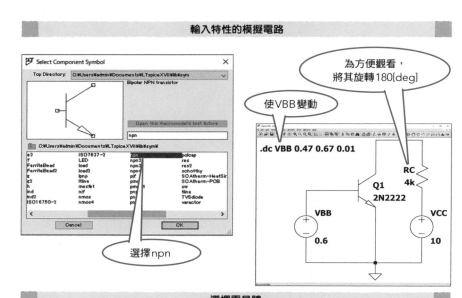

為方便觀看，
將其旋轉180[deg]

使VBB變動

選擇npn

**選擇電晶體**

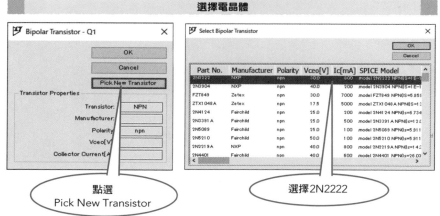

點選
Pick New Transistor

選擇2N2222

❹元件配置結束後，配線連接各元件，輸入各元件參數。這次我們設定RC＝4[kΩ]
（輸入欄以[Ω]為單位，故實際上應輸入「4k」。以下亦同），VBB＝0.6[V]，VCC＝
10[V]。

❺完成電路後，就來描述分析條件吧。這次我們要模擬的是電晶體的輸入特性，故需
使用DC分析。點選工具列上方的Edit＞Spice Directive，然後輸入「.dc VBB 0.47
0.67 0.01」。
以上這段描述的意思是「使VBB（電壓源）從0.47[V]上升到0.67[V]，每次變動
（sweep）0.01[V]」。

❻接著就開始模擬吧。結果顯示於圖形窗格後，將游標移到電路圖窗格的VBB上，會
顯示出基極電流I$_B$。此時顯示於電流鉤表的紅色箭頭，表示欲測定電流的方向。
這次模擬中，我們想看的是從電晶體基極流入的電流，故可將圖形的縱軸（I$_B$）的極
性反轉，看起來比較好懂。在圖形窗格上方的電流名稱點右鍵，然後於文字欄的電
流名稱前方加上－（負號），就可以反轉I$_B$的極性了。

　　順利模擬出結果的人，應該就可以看到第2章學過的電晶體輸入特性圖形。若您
還行有餘力的話，可以試著改用其他電晶體模型，看看結果會有什麼變化。

**輸入特性的模擬結果**

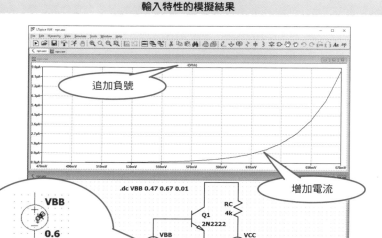

## 試著描繪電晶體的V<sub>CE</sub>-I<sub>C</sub>特性（輸出特性）吧

　　看完輸入特性後，讓我們試著模擬輸出特性吧。請將剛完成的輸入特性電路命名後存檔，再繼續編輯。

　　剛才我們讓VBB大幅變化，以描繪其輸入特性。那麼若要描繪第2章提到的輸出特性，又該怎麼做才好呢？

　　模擬輸出特性時，除了讓VBB大幅變化之外，也要讓VCC大幅變化。事實上，LTspice可以同時改變許多參數的大小。

　　請在剛才描述的分析條件上按右鍵。參考跳出畫面內中央下方的「Syntax」，指定＜Source1＞與＜Source2＞內的電壓源名稱，這樣就行了。

　　這次請指定VCC為Source1、VBB為Source2，描述文字設為「.dc VCC 0 10 0.01 VBB 0.47 0.67 0.01」，意思是「使VCC從0[V]上升到10[V]，每次變動0.01[V]；並使VBB從0.47[V]上升到0.67[V]，每次變動0.01[V]」。

**輸出特性的模擬電路**

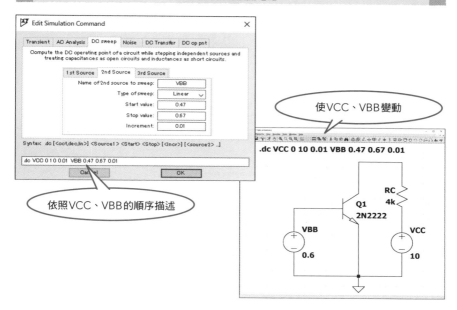

使VCC、VBB變動

.dc VCC 0 10 0.01 VBB 0.47 0.67 0.01

依照VCC、VBB的順序描述

第 ⑥ 章 電路模擬

　　改變分析條件之後，再執行模擬動作。將滑鼠移到電路圖窗格上點選RC，應該就會出現第2章中學過的輸出特性圖，橫軸為VCC、縱軸為Ic。圖中的斜線會分岔出數條接近水平的線（實際上為彩色的線條），每一條線代表不同的VBB，可以發現當VBB愈來愈大時，Ic也會跟著愈來愈大。

　　順帶一提，若你想確認特定數值之VBB的線是哪個顏色，可在圖形窗格上方按右鍵，點選View＞Select Steps，便可從彈出畫面中，選擇畫出特定波形的圖形。

## 輸出特性的模擬結果

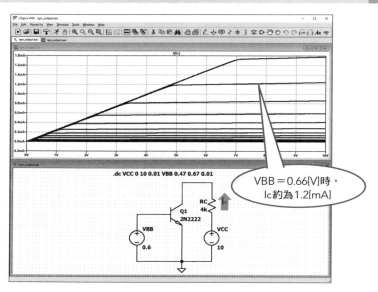

.dc VCC 0 10 0.01 VBB 0.47 0.67 0.01

VBB＝0.66[V]時，
Ic約為1.2[mA]

## 選擇欲描繪的波形

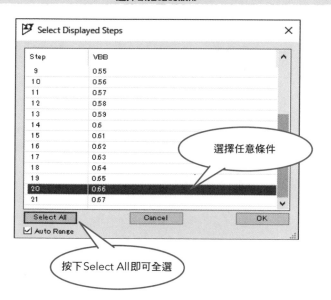

選擇任意條件

按下Select All即可全選

## 確認電晶體的放大作用

確認過電晶體的輸入輸出特性後，接著來確認實際施加固定電壓（偏壓）後，會有什麼變化吧。與前項相同，在進行下一個步驟之前，請先將之前完成的輸出特性電路另存新檔，再進行編輯。

這次我們想觀察VBB、VCC固定時的特性，故需要進行TRAN分析。右鍵點選電路圖窗格上的分析條件，寫下「.tran 10u」的描述，意為「分析10[μs]前的時間變化」（u為μ的意思）。另外，請將VBB的電壓值改為0.6602[V]。

完成後請執行模擬動作，比較通過VBB的電流（I_B）與通過RC的電流（I_C）。若要放大局部圖形，可點選工具列的「Zoom to rectangle」圖示，然後用游標在想放大的區域拖曳。I_B約為6[μA]，I_C為1.25[mA]，可以確認到其電流放大率約為208倍。順帶一提，之所以要指定VBB到小數點後面那麼多位，是因為我們希望電晶體集極電壓V_CE可以在VCC的2分之1的數值（5[V]）左右。行有餘力的話，可以試著模擬當VBB數值改變時，I_B、I_C、V_CE會如何變化。

**放大作用模擬**

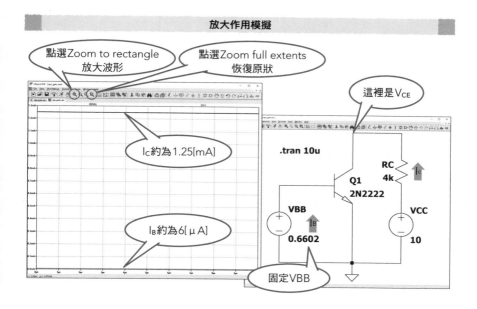

點選Zoom to rectangle 放大波形

點選Zoom full extents 恢復原狀

這裡是V_CE

I_C約為1.25[mA]

I_B約為6[μA]

.tran 10u

Q1 2N2222

RC 4k　I_C

VBB 0.6602　I_B

VCC 10

固定VBB

## 電流回授偏壓的模擬

前面我們用2個電壓源，產生2個電源偏壓的方式來模擬電晶體的行為。接著讓我們用標準的電流回授偏壓電路來模擬看看。如果您忘記電流回授偏壓是什麼的話，請回顧第2章內容。

那麼就讓我們馬上來建構一個模擬電路吧。

❶讓我們重新編輯剛才建構的模擬電路，建構一個電流回授偏壓電路。RA與RB可分割VCC，決定基極電壓$V_B$，故被稱為**分壓電阻**，RE則有穩定偏壓的功能。一般來說，$I_A$為$I_B$的10倍以上，$V_E$則是VCC的10%左右。

---

電流回授偏壓的電路圖與電路中的各電壓、電流

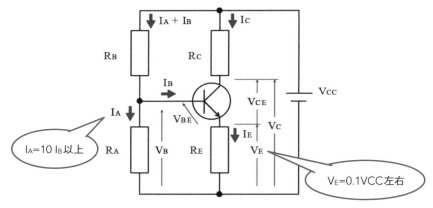

❷這裡使用前段模擬中的數值，VCC＝10[V]、$V_{BE}$＝0.6602[V]、$I_B$＝6.01[μA]、$I_C$＝1.24[mA]，電流放大率為208倍，並依此設計各電阻值。這次我們設定$I_A$＝20$I_B$、$V_E$＝1[V]、$V_C$＝5[V]，計算後可以得到RA＝13.81[kΩ]、RB＝66.08[kΩ]、RC＝4[kΩ]、RE＝800[Ω]，請輸入這些電阻值。若您想知道各電阻值的計算方式，請參考檢定教科書與其他書籍。

❸分析條件保持為「.tran 10u」，執行模擬。

　　模擬成功後，請先確認 $I_B$ 數值。$I_B$ 為通過 RB 之電流減去通過 RA 之電流後的數值。檢查圖形窗格中通過各電阻的電流值後，可以得到 $I_{RB}$ 約為 126[μA]、$I_{RA}$ 約為 120[μA]，故 $I_B$ 約為 6[μA]，與我們希望的數值相仿。

　　同樣的，確認 $I_C$ 數值，可以得到約 1.24[mA]，這也與我們希望的數值相仿。

　　接著確認基極電壓 $V_B$ 數值。以電壓探針確認 RA 與 RB 間的電壓後，可得到約 1.659[V]，這表示分壓電阻確實有對 VCC 分壓。

## 電流回授偏壓的模擬

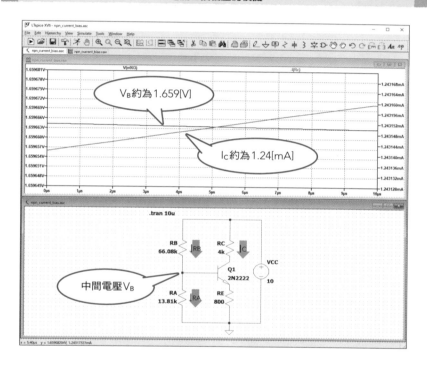

## 試著放大訊號吧

準備好偏壓電路後，試著實際輸入訊號，確認其放大作用吧。

❶請重新編輯剛才模擬的電路，如下圖所示，於框內新增電壓源VIN、電容C1、C2、電阻R1。C1與C2可攔截直流成分，僅讓訊號成分通過，故也稱做**耦合電容**。

訊號放大電路圖

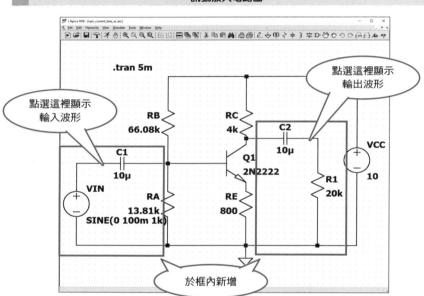

❷右鍵點選VIN，於彈出畫面中選擇「Advanced」，於左側的Functions中選擇「SINE」，便會顯示出輸入訊號的詳細設定欄，請設定DC Offset（偏移電壓）為0[V]、Amplitude（振幅）為100[mV]、Freq（頻率）為1[kHz]。

❸將分析條件改為「.tran 5m」，執行模擬。

執行模擬後，點選電路圖窗格中C1的左側，可得到輸入波形；點選C2的右側，則可得到輸出波形。輸入訊號的振幅為±100[mV]；輸出訊號相位相反，振幅為±400[mV]，可以看到訊號確實有放大。

## 訊號設定

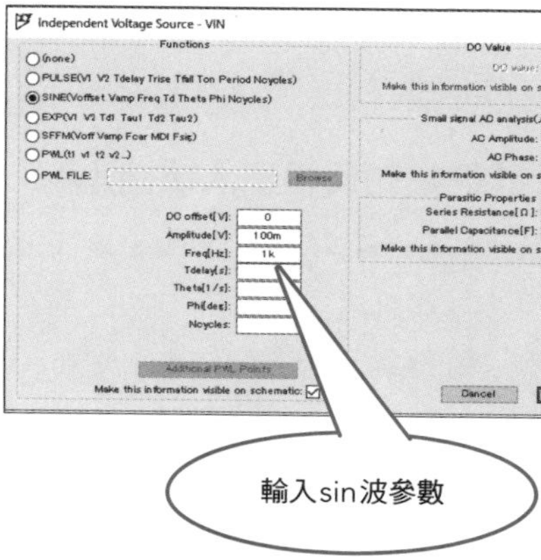

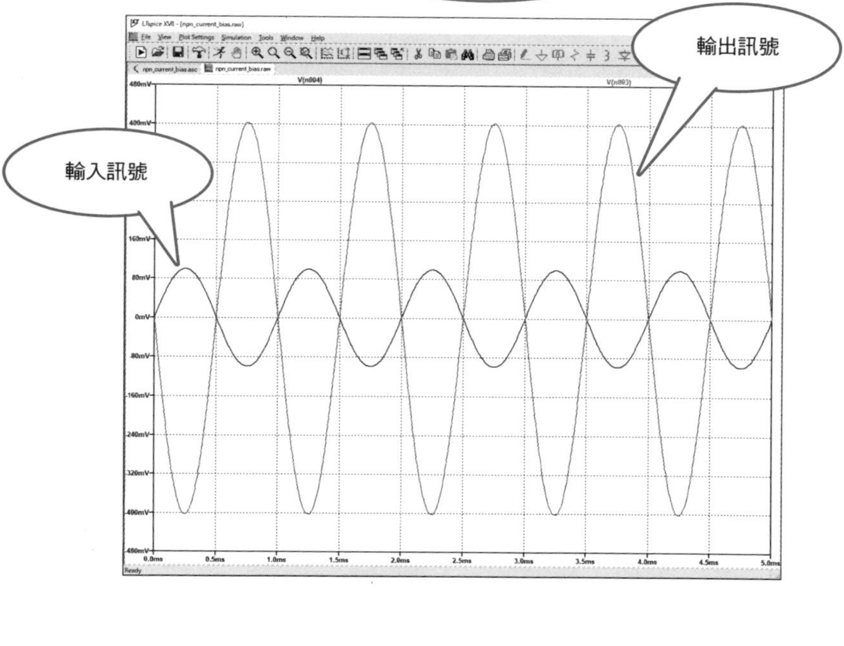

輸入sin波參數

輸出訊號

輸入訊號

# 6-5 用模擬器體驗「濾波器」

**Point**

　　模擬完放大作用之後，接著讓我們來嘗試模擬由運算放大器建構的濾波器吧。

## 模擬由運算放大器建構的反相放大電路（AC分析）

　　看到這裡，想必您應該已相當熟悉DC分析與TRAN分析的操作。這裡讓我們用AC分析來模擬由運算放大器建構之電路的頻率特性吧。首先，請建構增益100倍（40[dB]）的反相放大電路，並模擬其運作。

❶請開啟新的電路圖窗格，配置運算放大器。點選工具列的「Component」圖示，雙擊彈出畫面中的「Opamps」，便會列出LTspice可使用的運算放大器IC型號。這次請選擇OP27這個運算放大器。

**選擇運算放大器**

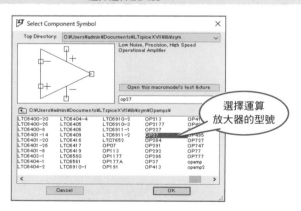

選擇運算放大器的型號

❷接著要配置電阻，以建構增益100倍的反相放大電路。這次可先試著輸入1[kΩ]與100[kΩ]的電阻值組合。

❸配置運算放大器的電源、訊號源、接地端。我們希望運算放大器的正電源端子接上10[V]電壓，負電源端子接上−10[V]電壓。在訊號源VIN的Voltage元件上按右鍵，於彈出畫面中點選「Advanced」，在右側「Small signal AC analysis（AC）」框內的「AC Amplitude」輸入1。

❹配線結束後，需指定分析條件。這次我們想看頻率特性，故需執行AC分析。請點選工具列的Edit＞Spice Directive，寫下「.ac dec 20 10 10meg」的描述，意為「頻率每增加10倍，中間需掃描20個頻率，從10[Hz]一直掃描到10[MHz]以進行分析」。要留意LTspice不區分大小寫字母，所以想表示M（mega）時，命令中需要寫成meg。

❺完成電路圖後，執行這個模擬電路。

　　模擬成功後，請點選電路圖窗格的運算放大器輸出端。AC分析中，應會顯示增益與相位2張圖。初始設定中，圖形窗格左側的第1軸為增益（圖形為實線），右側的第2軸為相位（圖形為虛線）。

　　從增益為40[dB]，相位差為180[deg]的地方開始；約於80[kHz]時，增益會降至3[dB]，相位則會滯後約45[deg]。這個點被稱為**截止頻率**。若將頻率繼續往上調整（sweep），在約3.8[MHz]時，增益會降至0[dB]（1倍）。這個點被稱為**增益帶寬積**。

　　綜上所述，AC分析可以讓我們輕鬆確認不同頻率時，增益與相位的變化。這種圖被稱為波德圖，對第一次看到這種圖的人來說，或許很難想像輸出波形變化的意義。這裡就讓我們透過TRAN分析，確認輸入正弦波時的輸入輸出波形，以及改變頻率時，增益與相位會如何變化吧。

第 ❻ 章　電路模擬

反相放大電路的模擬

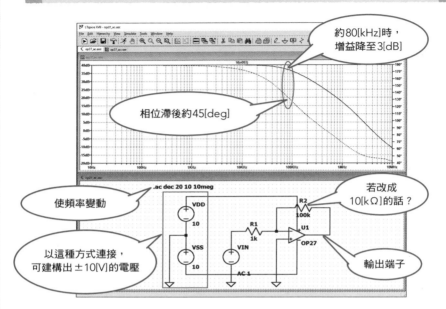

約80[kHz]時，增益降至3[dB]

相位滯後約45[deg]

使頻率變動

.ac dec 20 10 10meg

以這種方式連接，可建構出±10[V]的電壓

若改成10[kΩ]的話？

輸出端子

## 模擬由運算放大器建構的反相放大電路（TRAN分析）

接著讓我們輸入正弦波至反相放大電路，用TRAN分析看看高頻率時的變化。請將剛才完成的電路命名後另存新檔，再開始編輯。

首先，請將運算放大器的回授電阻R2數值變更成10[kΩ]。

接著，右鍵點選訊號源VIN，於彈出畫面中選擇「Advanced」，於左側的Functions中選擇「SINE」，便會顯示出輸入訊號的詳細設定欄，請設定DC Offset（偏移電壓）為0[V]、Amplitude（振幅）為500[mV]、Freq（頻率）為1[kHz]。設定完訊號源後，將分析條件改成「.tran 5m」，執行模擬動作。

## 運算放大器的模擬電路（TRAN分析）

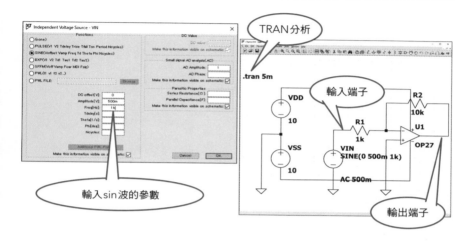

於電路圖窗格中，點選運算放大器輸入端子與輸出端子的電壓探針。與先前的波德圖不同，這裡應會顯示出橫軸為時間的正弦波才對。

首先，請確定輸出振幅是否為輸入振幅的−10倍。另外，此時的輸入輸出相位應該為180[deg]。

接下來，試著提高訊號源的頻率吧。將頻率改為200[kHz]，再次執行模擬。與前面的模擬相比，這次會花較多時間生成圖形，而且圖形看起來就像一條很粗的橫線。當頻率很高時，在5[ms]內的波數相當多，因此需要更精細的分析，使模擬所需時間大幅上升。請右鍵點選分析條件，將「Stop time」縮短至20u。輸入振幅沒有改變，輸出振幅卻降低至±3.6[V]，相位也滯後了一些。

再來，請將頻率調至550[kHz]，分析條件的「Stop time」改為10u，再次進行模擬，可以看到輸出振幅降低至±1.3[V]，相位滯後約90[deg]。

對照前面的波德圖，頻率上升時，增益會下降、相位會滯後。由TRAN分析中看到的波形，就可以清楚看到這些現象。

第 **6** 章　電路模擬

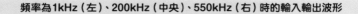

頻率為1kHz（左）、200kHz（中央）、550kHz（右）時的輸入輸出波形

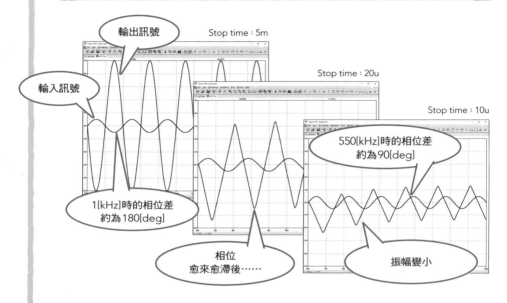

## 模擬由運算放大器建構的低通濾波器

在熟悉AC分析之後，終於可以開始體驗濾波器電路的模擬了。在第4章中曾提過以運算放大器建構而成的頻率濾波電路，這裡就讓我們試著來建構看看這種電路吧。請將剛才的電路命名後另存新檔，再進行編輯。

這次我們想要建構的是低通濾波器，需配置與運算放大器回授電阻R並聯的電容。請點選工具列的電容圖示，電容值設為0.1[μF]。於分析條件點選右鍵，將「Stop frequency」改為100[kHz]後執行模擬作業。

這個低通濾波器的截止頻率$f_c$可由以下公式求得。

$$f_c = \frac{1}{2\pi CR} \text{ [Hz]}$$

這次的參數為C＝0.1[μF]、R＝10[kΩ]，故$f_c$約為159[Hz]。確認圖形窗格中，運算放大器輸出端子的增益後，可以得到模擬出來的$f_c$約為158[Hz]，與我們設計的特性相符。

**低通濾波器的模擬**

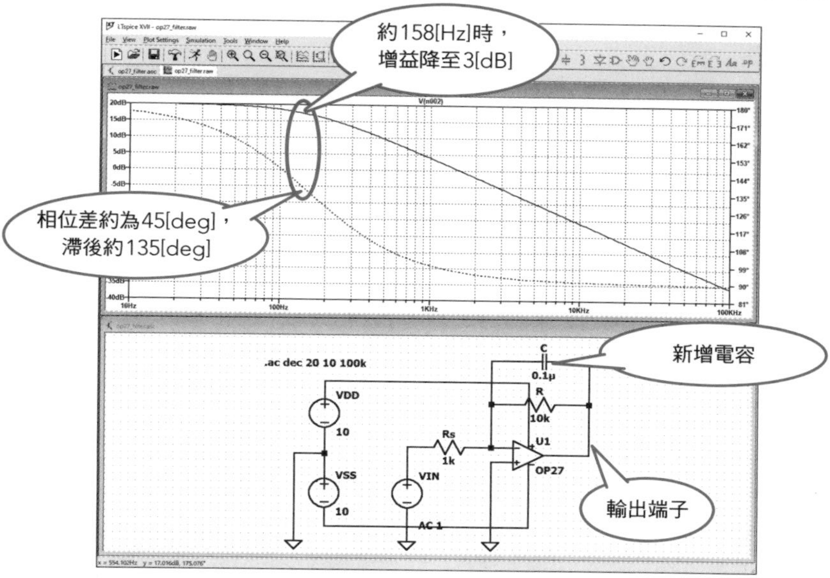

約158[Hz]時，
增益降至3[dB]
相位差約為45[deg]，
滯後約135[deg]
新增電容
輸出端子
.ac dec 20 10 100k
VDD
10
VSS
10
VIN
AC 1
Rs
1k
C
0.1μ
R
10k
U1
OP27



Column

## 不會冒煙的模擬器與變壓器事件

大學、五專、工業高職有所謂的學生實驗，學生需實際動手操作並熟悉裝置、電源、量測機器。而在實驗的時候，學生可能會不小心使電源短路。「未確認好電路配線就接通電源」確實是初學者常犯的錯誤，但學生在這之後的行動更是驚人。

學生會冷靜地報告「老師，變壓器在冒煙」，這讓我相當震驚。都已經冒煙了，卻沒有切斷電源。老實報告確實值得稱許，但確保安全才是第一要務。

在筆者（石川）任職的學校，很少會教學生怎麼模擬電路。在這個重視模擬的時代，學生們會不會跟不上潮流呢？這讓我有些擔心。模擬雖然有趣，但不會冒煙也不會發熱。

# 6-6 用模擬器體驗「組合電路」

## 邏輯閘的模擬

「LTspice」有內建第5章中提到的，組合電路中的各種邏輯閘。請點選工具列的「Component」圖示，在彈出畫面中雙擊「Digital」頁籤，應可看到內建的and（AND閘）、inv（NOT閘）、or（OR閘）、xor（XOR閘）等4種邏輯閘。

and、or、xor等邏輯閘皆有5個輸入、2個輸出。附有○的輸出端子為反相輸出，以這個端子輸出時，可實現NAND、NOR、NXOR的功能。一般而言，我們會將不使用的輸入輸出端子與COM端子接地。

以下就讓我們以AND閘為例，說明組合電路的模擬方式吧。

### 邏輯閘符號

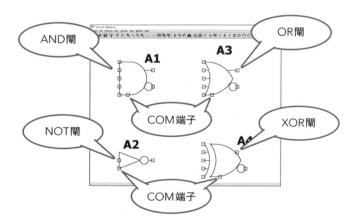

❶開啟新的電路圖窗格，從「Component」中選取AND閘，配置於電路圖中。

❷同樣的，從「Component」中選取電壓源做為輸入訊號源，配置於電路圖中。

　　這次有2個輸入，故需配置2個voltage。我們希望可以一次呈現出各種輸入訊號組合，以及對應的輸出訊號，就像第5章中學到的真值表那樣，故這次會輸入脈衝訊號。在電壓源上按右鍵，於彈出的畫面中點選「Advanced」，在左側Functions中選擇「PULSE」。

　　這裡的項目多到讓人有些煩躁，Vinitial為電壓初始值、Von為脈衝訊號於High時的電壓值、Tdelay為延遲時間、Trise為上升時間、Tfall為下降時間、Ton為脈衝處於High的時間、Tperiod為週期。

　　請依以上順序，於V1資料中輸入「0 1 1m 1n 1n 1m 3m」、於V2資料中輸入「0 1 2m 1n 1n 1m 2m」。

描述脈衝訊號

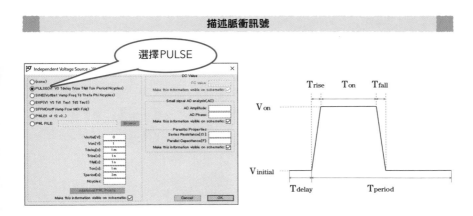

❸為輸出端子、反向輸出端子加上標籤。點選工具列的「Label Net」圖示，於彈出畫面的Port Type設定「Output」。設定輸出端子的標籤為「X」、反相輸出端子的標籤為「–X」。

❹為各個元件配線。將AND閘中未使用的輸入端子與COM端子分別接地。

❺分析條件設為「.tran 5m」，然後執行模擬。

**AND閘的模擬電路**

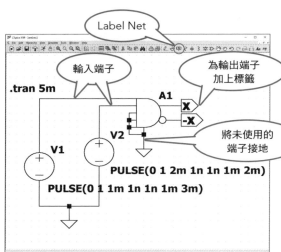

Label Net

為輸出端子加上標籤

輸入端子

.tran 5m

A1

將未使用的端子接地

選擇Port Type

PULSE(0 1 2m 1n 1n 1m 2m)

PULSE(0 1 1m 1n 1n 1m 3m)

❻模擬成功的人，請試著分別畫出輸入波形與輸出波形。在圖形窗格上按右鍵，點選「Add Plot Pane」。

你會看到顯示圖形的框架增加了。在選擇各個框架的狀態下點選任意節點，便可顯示該節點的圖形。這次我們想要並排顯示2個輸入波形與輸出波形，故需要3個圖形框架。

執行到這裡的人，請試著讓各個圖形框架顯示V1、V2、X的波形。第5章中我們介紹了AND閘的真值表，請確認是否只有在2個輸入皆為High的時候，才會輸出High。

當輸入訊號同時改變時，會出現所謂的**突波**（hazard）現象。這次我們只是確認電路動作而已，故可無視。

若行有餘力的話，可試著增加輸入訊號的數目，模擬看看OR閘或是XNOR閘。

**AND閘的模擬**

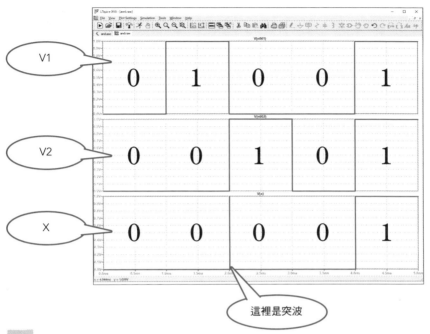

V1

V2

X

這裡是突波

## 半加器的模擬

　　學會基本邏輯閘的模擬後，接著讓我們試著模擬看看第5章中學到的半加器吧。請將剛才的電路命名後另存新檔，再繼續編輯。

　　從「Component」選擇XOR閘配置於電路上，依照半加器的電路圖配線。與配置AND閘時相同，請將未使用的端子、COM端子等與接地端子相連，再交換輸入訊號V1、V2的描述。

　　建構完電路之後，請執行模擬。這次我們想要顯示2個輸出與2個輸入，共4個波形，故請在圖形區域新增1個框架，以顯示各個波形。此時應該能確認到，當2個輸出中至少1個是High時，S為High；只有當2個輸出皆為High時，C才是High，與第5章中學到的半加器動作一致。

## 半加器的電路圖

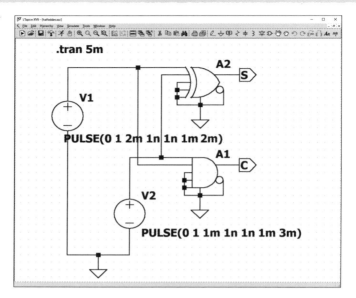

## 半加器的模擬

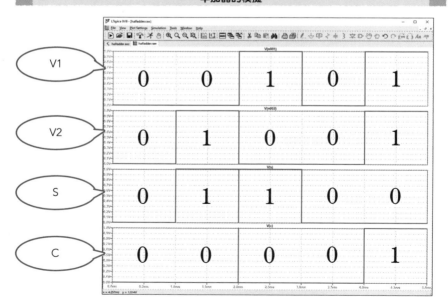

## 6-7 用模擬器體驗「順序電路」

**Point**

習慣用組合電路模擬數位電路之後,接著本節就讓我們來嘗試模擬順序電路吧。

### RSFF的模擬

「LTspice」內建了RSFF與DFF這2種正反器元件。首先來體驗**RSFF**模擬吧。請將之前建構的電路命名後另存新檔,再開始編輯。

點選「Component」搜尋「srflop」,配置RSFF元件。為了與圖中其他元件做出區別,請在正輸出、反輸出分別加上Q、−Q的標籤。

將與設置輸入端S相連之脈衝訊號源V1的條件,設為「0 1 1m 1n 1n 1m 3m」;將與重設輸入端R相連之V2設為「0 1 2m 1n 1n 1m 2m」。再來與前面的邏輯閘一樣,將COM端子接上接地端。

完成電路後,設定分析條件為「.tran 5m」,執行模擬。可以確認到S為High、R為Low時,Q為High(設置);當S為Low、R為High時,−Q為High(重置)。

另外,當S、R皆為Low時,輸出會保持目前狀態。RSFF禁止S與R同時為High,這會讓輸出不穩。

**RSFF電路圖**

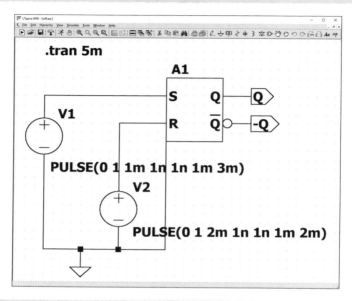

**RSFF的模擬結果**

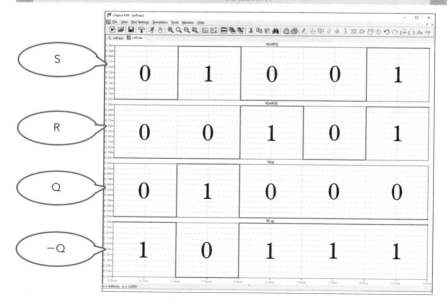

## DFF的模擬

模擬過RSFF後,接著來體驗**DFF**模擬吧。請將之前建構的電路命名後另存新檔,再繼續編輯。

點選「Component」搜尋「dflop」,配置DFF元件。與之前的RSFF元件相比,DFF多了**PRE**(**預設**)與**CLR**(**清除**)這2個端子。兩者皆會被High驅動,PRE可讓正輸出Q為High、CLR可讓Q為Low。

不過這次不會用到這2個端子,故請將這2個端子接地。此外,因為時鐘訊號輸入CLK前方沒有○,故這個DFF與時鐘訊號的正緣同步,為正緣觸發。

DFF符號

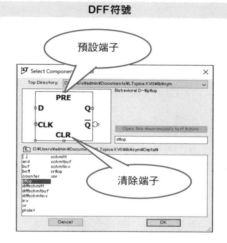

預設端子

清除端子

配置完元件後,與之前一樣,將正輸出、反輸出分別加上標籤,將輸入D與CLK分別接上脈衝訊號源V1、V2。V1沿用前一個電路的設定也沒問題,而做為時鐘訊號的V2則需修正成「0 1 0.5m 1n 1n 0.5m 1m」。

完成電路之後,請設定分析條件為「.tran 10m」,然後執行模擬。D的訊號與時鐘訊號的正緣同步,故輸出訊號為D的滯後波形。

## DFF的電路圖

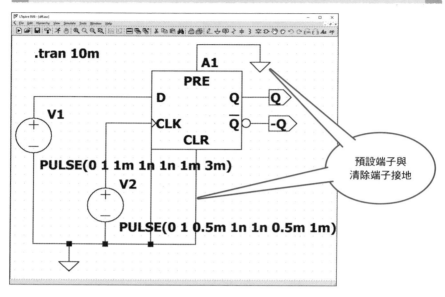

.tran 10m

A1
PRE
D          Q
CLK        Q̄
CLR

V1

PULSE(0 1 1m 1n 1n 1m 3m)
V2

PULSE(0 1 0.5m 1n 1n 0.5m 1m)

預設端子與
清除端子接地

## DFF的模擬結果

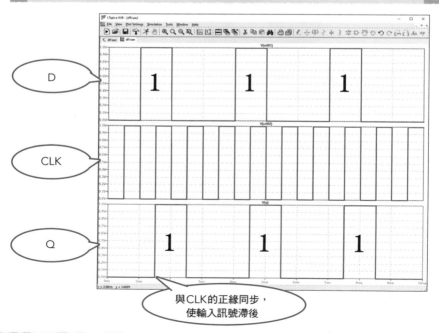

D

CLK

Q

與CLK的正緣同步,
使輸入訊號滯後

## 移位暫存器的模擬

**移位暫存器**是使用DFF的代表性電路,接著讓我們來模擬看看移位暫存器吧。這次試著建構4位元的右移暫存器。請將先前建構的電路命名後另存新檔,再開始編輯。

❶串聯4個DFF,便可實現4位元的移位暫存器,故這裡我們將前面建構的DFF複製3份。接著在每個DFF上按右鍵,於「SpiceLine」項目中設定「Td=10ns」,這是DFF傳播延遲時間參數,預設為0,但這樣就沒辦法順利模擬移位暫存器的動作,所以要特別設定延遲時間。

**DFF傳播延遲時間的設定**

輸入傳播延遲時間

❷將第1個DFF①的正輸出Q,接上第2個DFF②的輸入D。同樣的,將第2個DFF②的Q,接上第3個DFF③的D;將第3個DFF③的Q,接上第4個DFF④的D。接著將各個Q分別命名為Q1~Q4。另外,將DFF的PRE、CLR、COM端子分別接地。

❸將脈衝訊號源V1接上第1個DFF的輸入D,並將V1設定為「0 1 1m 1n 1n 1m 6m」。另外,將所有DFF的CLK接上共用的時鐘訊號源V2。V2保持原本的設定即可。

❹完成電路後,請設定分析條件為「.tran 6m」,然後執行模擬。

模擬成功的人，請在圖形窗格新增圖形框架，列出時鐘訊號、DFF①的輸入、各DFF的輸出Q1～Q4的波形。

應可確認到DFF①的輸入訊號與時鐘訊號的正緣同步，並逐漸移位到DFF②～④。

Column

## 與電路模擬的相遇（野口篇）

筆者（野口）於五專5年級時，在本書共著者兼恩師石川老師的研究室中學習，踏出了類比電路研究的第一步。

當時我最開始投入的研究，就是運算放大器的設計。那時候必須手算各個電晶體需要的電流、電壓，以此再依此決定電晶體大小，然後設計模擬電路，確認電路是否有我們想要的特性。當時設計的是簡單的2層結構，電晶體的數量也不多，但在我看到模擬的結果，知道所有電晶體都在飽和領域下運作，電流值也符合原先設計時，感到十分高興，留下了深刻的記憶。

在這之後，老師允許我試著做出之前設計的運算放大器。但在我完成電路實際測量時，卻發現其頻率特性與模擬結果有很大的差異。透過這次經驗，我發現模擬結果畢竟只是模擬，實際製作出電路仍是重要的工作。

12年後的現在，筆者的年齡已與當時的石川老師同年。能與恩師一起寫下這本書，讓我十分感激。

希望讀到本書的學生與社會新鮮人，也能與這些知識有如此美好的邂逅。

**4位元右移暫存器的電路圖**

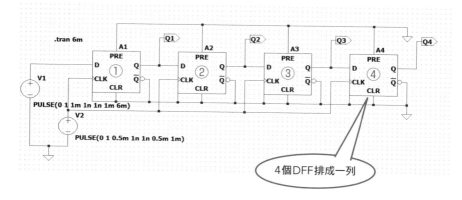

4個DFF排成一列

**4位元右移暫存器的模擬結果**

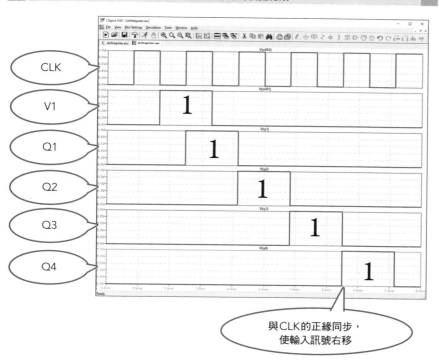

與CLK的正緣同步，使輸入訊號右移

## 二進制計數器的模擬

移位暫存器之後，讓我們來模擬看看由DFF建構的**二進制計數器**吧。請將剛才建構好的電路命名後另存新檔，再繼續編輯。與移位暫存器一樣，這裡要建構的是4位元的二進制計數器，故可直接沿用4個DFF。

❶ 將第1個DFF①的反輸出$\overline{Q}$，接上第2個DFF②的CLK。另外，再將$\overline{Q}$的輸出並聯一條線出來，回授至輸入D。之後的DFF也以同樣方式配線。

❷ 正輸出Q不與任何端子相連，而是從DFF①開始，依序加上Q1～Q4的標籤。

❸ 將時鐘訊號源V1接上DFF①的CLK。V1的各設定與之前的時鐘訊號源相同，為「0 1 0.5m 1n 1n 0.5m 1m」。

❹ 開始模擬時，為了初始化各個DEF的Q，使其為Low，請輸入初始化訊號V2至CLR端子。初始化訊號為脈衝訊號，設定為「0 1 0 1n 1n 0.1m 16m」。

❺ 完成電路後，請設定分析條件為「.tran 16m」，然後執行模擬。

模擬成功的人，請在圖形窗格上列出初始化訊號、時鐘訊號，以及各DFF輸出Q1～Q4的波形。

模擬剛開始時，初始化訊號為High，初始化各DFF的輸出。在這之後，各DFF與時鐘訊號的正緣同步，形成0000～1111的2進位數，為一個每次增加1的計數器。

## 4位元二進制計數器電路圖

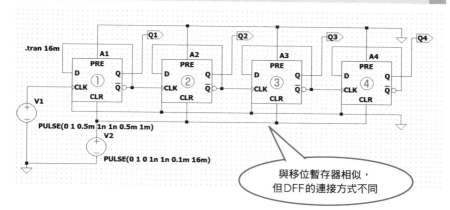

.tran 16m

V1

PULSE(0 1 0.5m 1n 1n 0.5m 1m)

V2

PULSE(0 1 0 1n 1n 0.1m 16m)

與移位暫存器相似，
但DFF的連接方式不同

## 4位元二進制計數器的模擬結果

以初始化訊號
初始化

CLR

CLK

Q4

Q3

Q2

Q1

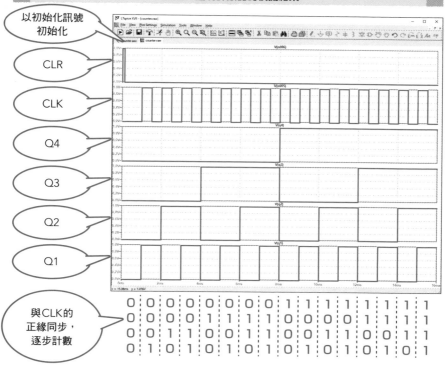

與CLK的
正緣同步，
逐步計數

```
0 0 0 0 0 0 0 0 1 1 1 1 1 1 1 1
0 0 0 0 1 1 1 1 0 0 0 0 1 1 1 1
0 0 1 1 0 0 1 1 0 0 1 1 0 0 1 1
0 1 0 1 0 1 0 1 0 1 0 1 0 1 0 1
```

## 第6章真正想談的事

第6章中，我們介紹了如何用「LTspice」模擬類比電路、數位電路。電路模擬過程中還有一件很重要的事。

問題：如何建構SPICE模型？

回答：**SPICE模型**是模擬時不可或缺的要素，製作方式大概可以分成以下2種。

第1種方法，是用被動元件（電阻、電容、電感）、主動元件（二極體、電晶體等）、電壓源等多種元件構成的電子電路，表示裝置內部情況。

譬如我們在第5章中看到的，正反器內部的NAND電路與NOT電路，可以用電晶體層次的電路呈現。

另一種方法，則是著重於裝置的「行為」，以函數描述其特性。

第6章中提到的RSFF與DFF等裝置，就是用這種方法模型化。這種方法讓我們可以自由組合數學式，表現出任意行為，自由度相當高。

實際的電路設計現場中，操作者需理解這些建構方法的特徵，選擇符合目的的模型來設計電路。

# 結語

　　看完本書後，您覺得如何呢？若覺得內容感覺起來有點困難的話，可以回頭大略翻閱一次書中強調的詞語。

　　在拿到本書的「之前與之後」，你知道的「專業用語」有增加嗎？你覺得電路模擬好玩嗎？

　　在本書的前身《圖解入門 超簡單最新電子電路的基礎與運作機制》（日本於2013年6月出版）出版後，收到了許多像是「我變得更喜歡電子電路了」之類的讀者迴響。如果我們這種「想讓更多人喜歡上電子電路」的心情能傳達給各位的話，那就太棒了。只要掌握住訣竅，電子電路也會像寫程式一樣充滿樂趣。希望本書可以讓更多人覺得「終於拿到學習電子電路的地圖了♪」。

　　讓我借用這個版面宣傳一下。很高興有這個機會能與我的學生野口老師一起寫這本書，並能將我們共事、一起研究電子電路的樂趣傳達給各位。各位想不想和我們一起將「學習電子電路的樂趣」傳達給其他人呢？可以的話，請搜尋ICLab這個關鍵字，把您的想法透過E-mail傳達給作者們吧。

　　在新冠病毒擴散至全世界，造成嚴重疫情的2020～2021年，我想寫下一本「有溫度的專業書籍」。希望這本書能成為許多人學習電子電路的契機，並成為許多新想法的「主幹」。

　　感謝有明高專創造工學科的松野哲也老師、大河平紀司老師、清水曉生老師、城門寿美子女士、福岡教育大學的石橋直老師、大牟田市教育委員會的高倉洋美老師，在我執筆本書時，協助確認原稿，也就作圖與教育方式等方面提供了寶貴意見。另外，我也參考了許多前輩的著作，在此致上謝意。

## ●參考文獻

市面上有許多電子電路的出版品，包含很像課本的書籍或內容淺顯有趣的書籍。下面這些書籍介紹給已經看完本書及檢定教科書的人。最後2本是日本相關公司或研究所學生一定會閱讀的書籍。雖然當中也會有較艱深的內容，但請試著挑戰看看。

### • 可稍微深入學習電子電路的書籍

《しくみ図解 電子回路が一番わかる》技術評論社
　　※繁體中文版為《圖解電子電路》易博士出版社

《はじめての電子回路15講》講談社
《図解入門 現場で役立つ電源回路の基本と仕組み[第2版]》秀和SYSTEM
《これだけ！電子回路》秀和SYSTEM

### • 可學習SPICE模擬的書籍

《回路シミュレータLTspiceで学ぶ電子回路 第3版》OHM社

### • 可學習數位電路基礎的書籍

《入門 電子回路 ディジタル編》OHM社
《新版 メカトロニクスのための電子回路基礎》CORONA社

### • 可更了解LSI設計或運算放大器的書籍

《CMOSアナログIC回路の実務設計》CQ出版
《CMOSアナログ/ディジタルIC設計の基礎》CQ出版
《CMOS OPアンプ回路 実務設計の基礎》CQ出版
《LSI設計者のためのCMOSアナログ回路入門》CQ出版

### • 類比積體電路的經典書籍

《アナログ電子回路 −集積回路化時代の− 第2版》OHM社
《アナログCMOS集積回路の設計 基礎編・応用編・演習編》丸善出版
　　※繁體中文版為《類比CMOS積體電路設計》麥格羅希爾

# 索 引

## I N D E X

# MEMO

# MEMO

# MEMO

●著者介紹

## 石川 洋平

1978年出生於福岡縣大川市。畢業於八女工業高等學校資訊技術科,佐賀大學大學院工學系研究所畢業。有明工業高等專門學校創造工學科 副教授、博士(工學)。電氣學會會員、電子資訊通訊學會會員、IEEE會員。亦從事類比、數碼積體電路的教育及研究工作。

## 野口 卓朗

1989年出生於福岡縣大牟田市。有明工業高等專門學校電子資訊工學科畢業,佐賀大學大學院工學系研究所畢業。有明工業高等專門學校創造工學科 助理教授、博士(工學)。電子資訊通訊學會會員、IEEE會員。從事簡易型微小相位差計測電路高功能化的相關研究。

●插圖

## まえだ たつひこ

●編輯協助

## 株式會社 Editorial House

# 電子電路超入門
## 圖解電晶體、二極體、積體電路等資訊科技基礎知識

2023年8月1日初版第一刷發行

| | |
|---|---|
| 著　　　者 | 石川洋平、野口卓朗 |
| 譯　　　者 | 陳朕疆 |
| 副 主 編 | 劉皓如 |
| 美 術 編 輯 | 黃郁琇 |
| 發 行 人 | 若森稔雄 |
| 發 行 所 | 台灣東販股份有限公司 |
| | ＜網址＞www.tohan.com.tw |
| 法 律 顧 問 | 蕭雄淋律師 |
| 香 港 發 行 | 萬里機構出版有限公司 |
| | ＜地址＞香港北角英皇道499號北角工業大廈20樓 |
| | ＜電話＞(852) 2564-7511 |
| | ＜傳真＞(852) 2565-5539 |
| | ＜電郵＞info@wanlibk.com |
| | ＜網址＞http://www.wanlibk.com |
| | http://www.facebook.com/wanlibk |
| 香 港 經 銷 | 香港聯合書刊物流有限公司 |
| | ＜地址＞香港荃灣德士古道220-248號 |
| | 荃灣工業中心16樓 |
| | ＜電話＞(852) 2150-2100 |
| | ＜傳真＞(852) 2407-3062 |
| | ＜電郵＞info@suplogistics.com.hk |
| | ＜網址＞http://www.suplogistics.com.hk |

ISBN 978-962-14-7496-4

ZUKAI NYUMON YOHKU
WAKARU SAISHIN DENSHI KAIRO NO
KIHON TO SHIKUMI [DAI 2 HAN]
© YOUHEI ISHIKAWA 2021
© TAKUROU NOGUCHI 2021
Originally published in Japan in 2021
by SHUWA SYSTEM CO.,LTD.,TOKYO.
Traditional Chinese translation rights
arranged with SHUWA SYSTEM CO.,LTD.,TOKYO
through TOHAN CORPORATION, TOKYO.